毛皮动物
疾病诊断与防治原色图谱

王春璈　编著

金盾出版社

内　容　提　要

本书由山东农业大学动物科技学院王春璈教授编著。本书选编彩色照片240幅，采用图文结合的方法介绍了狐、貂、貉等毛皮动物病毒性传染病、细菌性传染病、寄生虫病、营养代谢病、中毒病、皮肤病、外科病、产科病等常见疾病病原(病因)、症状、病理变化、诊断与防治方法。本书立足普及、注重实用，是养狐、养貂、养貉场员工、毛皮动物养殖专业户和广大基层畜牧兽医人员的好帮手，也可供兽医院校师生阅读参考。

图书在版编目(CIP)数据

毛皮动物疾病诊断与防治原色图谱/王春璈编著．—北京：金盾出版社，2008.12
ISBN 978-7-5082-5389-3

Ⅰ．毛…　Ⅱ．王…　Ⅲ．毛皮动物—动物疾病—诊疗—图谱
Ⅳ．S858.92-64

中国版本图书馆CIP数据核字(2008)第146928号

金盾出版社出版、总发行
北京太平路5号(地铁万寿路站往南)
邮政编码：100036　电话：68214039　83219215
传真：68276683　网址：www.jdcbs.cn
封面印刷：北京金盾印刷厂
彩页正文印刷：北京印刷一厂
装订：北京印刷一厂
各地新华书店经销

开本：850×1168 1/32　印张：3.5　字数：90千字
2008年12月第1版第1次印刷
印数：1～10 000册　定价：16.00元

(凡购买金盾出版社的图书，如有缺页、
倒页、脱页者，本社发行部负责调换)

前　言

毛皮动物养殖业是继我国养猪、养禽、养牛等普通畜牧业大发展之后又一新兴的特种经济动物养殖业。近几年来我国从国外大量引进优良品种，加上饲料的科学配制，使我国毛皮动物养殖业得到了突飞猛进的发展。规模化、集约化养狐、养貂、养貉场像雨后春笋般地发展起来。在农村出现了一大批毛皮动物养殖镇、养殖村和毛皮动物养殖专业户，从而使我国成为世界上毛皮动物养殖大国，毛皮产量居世界首位。由此还带动了毛皮动物饲料业、兽药业和毛皮加工业的大发展。

尽管我国是毛皮动物养殖大国，但并不是养殖强国，饲养水平还很低，毛皮质量与芬兰、丹麦、加拿大、美国的产品相差很远。主要表现在许多养殖场饲养者不懂毛皮动物营养标准，缺乏规模饲养的经验。为了追求利润，不顾自身的饲养管理、技术等条件，盲目上马。在繁殖季节狐、貂不发情造成大批空怀或大批流产，损失惨重。在毛皮动物饲养数量增多以后，毛皮动物的疾病也增多起来，有许多病是人兽共患病。它不仅严重影响养殖者的经济效益，而且对人类健康也构成一定的威胁。毛皮动物疾病增多的主要原因：一是新上马的许多专业户不懂得犬科肉食毛皮动物固有的生殖生理特点下所需要的营养、环境、饲养管理、消毒、免疫等方面的系统知识，常因管理不当而引起疾病；二是我国广大基层兽医人员对毛皮动物疾病防治知识知之不多，缺乏毛皮动物疾病防治的实践能力，致使毛皮动物疾病得不到及时有效的治疗，延误病情而造成死亡。为此，普及和提高毛皮动物养殖者及畜牧兽医人员对毛皮动物饲养管理及疾病防治的知识，这对促进我国毛皮动物饲养业的健康发展具有十分重要意义。

有鉴于此，笔者总结了几十年来从事犬科动物科研、教学与临床实践经验，编写了《毛皮动物疾病诊断与防治原色图谱》。书中所选的240幅图片是作者多年来在毛皮动物养殖场和临床工作中积累的珍贵资料，以真实地反映毛皮动物疾病的临床症状，肉眼可见的病理变化、诊断要点及防治方法，使本书图文并茂。

本书不仅可供广大从事毛皮动物养殖者、基层畜牧兽医人员学习之用，也可作为畜牧兽医专业的教师、学生参考用书。

王春璈

2008年8月

目　录

第一章　病毒性传染病…………………………………………………… (1)
一、犬瘟热………………………………………………………………… (1)
二、细小病毒病…………………………………………………………… (6)
三、传染性肝炎（狐脑炎）……………………………………………… (9)
第二章　细菌性传染病………………………………………………… (13)
一、钩端螺旋体病(传染性黄疸)………………………………………(13)
二、魏氏梭菌病……………………………………………………………(17)
三、水貂出血性肺炎………………………………………………………(21)
四、巴氏杆菌病……………………………………………………………(25)
五、大肠杆菌病……………………………………………………………(29)
六、沙门氏杆菌病…………………………………………………………(33)
七、阴道加德纳氏菌病……………………………………………………(38)
八、链球菌病………………………………………………………………(39)
九、肺炎球菌病……………………………………………………………(42)
十、支原体肺炎……………………………………………………………(44)
十一、葡萄球菌病…………………………………………………………(46)
第三章　寄生虫病………………………………………………………(49)
一、蛔虫病…………………………………………………………………(49)
二、绦虫病…………………………………………………………………(51)
三、弓形虫病………………………………………………………………(53)
四、瑟氏泰勒虫病…………………………………………………………(59)
五、附红细胞体病…………………………………………………………(61)
第四章　皮肤病…………………………………………………………(65)
一、螨虫病…………………………………………………………………(65)
二、皮肤真菌病……………………………………………………………(69)

第五章 中毒性疾病…………………………………………………(72)
一、有机磷类和氨基甲酸酯类中毒……………………………(72)
二、黄曲霉毒素中毒…………………………………………(74)
第六章 消化系统疾病………………………………………………(76)
一、肠套叠……………………………………………………(76)
二、急性胰腺炎………………………………………………(78)
第七章 外、产科病…………………………………………………(82)
一、子宫积液与积脓…………………………………………(82)
二、子宫腺瘤…………………………………………………(83)
三、结膜炎……………………………………………………(84)
四、尿路结石…………………………………………………(85)
五、尿湿症（尿道感染）……………………………………(86)
第八章 营养代谢疾病………………………………………………(89)
一、维生素C缺乏症（红爪病）………………………………(89)
二、维生素B_4缺乏症（黄脂症）……………………………(93)
三、狐狸低蛋白血症…………………………………………(95)
第九章 杂症…………………………………………………………(98)
一、自咬症……………………………………………………(98)
二、白鼻子症…………………………………………………(100)
三、食毛症……………………………………………………(102)
四、热应激（中暑）…………………………………………(103)

第一章　病毒性传染病

一、犬瘟热

犬瘟热由犬瘟热病毒引起，是主要危害幼狐、幼貂、幼貉的一种传染性极强的急性热性传染病。本病的特征是，呈现复相热，鼻炎、支气管炎及呼吸道和消化道严重障碍，少数病例出现脑炎症状。

（一）病原及流行病学　犬瘟热病毒对干燥和寒冷有强的抵抗力。在室温下可存活7～8天。对碱性溶液的抵抗力弱，常用3%氢氧化钠液作为消毒剂。

病狐、貂、貉是本病最主要的传染源。毛皮动物养殖场中的护卫犬发生犬瘟热后，可成为该场的主要传染源。病毒大量地存在于发病动物的鼻液、唾液中，也见于泪液、血液、脑脊液、淋巴结、肝、脾、心包液、脑、胸腔积液、腹水中，并能通过尿液长期排毒。本病主要由于病狐、貂、貉与健康狐、貂、貉的直接接触，通过飞沫经呼吸道感染，也可通过污染的食物经消化道感染。不同年龄、性别、品种的毛皮动物都可感染，以育成阶段的狐、貂、貉最易感。水貂对该病最易感，自然发病的致死率常达100%。

本病一年四季均有发生。

（二）症状　潜伏期为3～6天。发病初期精神不振，无食欲，流泪和水样鼻汁。体温升高40℃左右，持续8～18小时后，经1～2天的无热潜伏期，体温再度升高至40℃左右并持续数天，在持续时间和高度上取决于器官病变的严重程度。在高热之下2～3天内死亡的最急性型病例少见。一般在第二次体温升高时病情恶化，出现呼吸系统、消化系统和神经系统的症状。

呼吸系统的症状是本病的主要症状。鼻端干燥（图1-1-1，图1-1-2，图1-1-3），鼻液增多并渐变为黏液脓性鼻汁，有时混有血液，在打喷嚏和咳嗽时附着在鼻孔周围。呼吸加快，张口呼吸，但症状恶化时，呼吸减弱，由张口呼吸变为腹式呼吸。

图1-1-1　貉犬瘟热，鼻端干燥

图1-1-2　水貂犬瘟热，鼻端干燥

图1-1-3　狐狸犬瘟热，脓性眼眵

随着病情的延长，病兽食欲不振，以后变为完全不食。由于消化功能减退，往往发生呕吐。初期便秘，以后粪便变稀混有黏液，有时混有血液和气泡。口腔内发生溃疡，有的舌色变白。

在下腹部和股内侧皮肤上出现米粒大小的红色丘疹、水肿及化脓性丘疹。随着症状的发展，其数目增多，体积增大。在恢复期，脓性丘疹消失。皮肤弹性消失，被毛失去光泽。

在病的恢复期或一开始发热时就可出现神经症状。痉挛，癫痫发作，对刺激的反应性增强，有时发狂（图1–1–4）。痉挛多见于颜面部、唇部、眼睑，口一闭一合。严重病例，可见转圈运动，后躯麻痹不能站立，大小便失禁，昏睡死亡。有的呈舞蹈状，出现踏脚的特征症状。一开始就出现神经症状的病狐、貂、貉，多呈急性经过，病程短，在1～2天内死亡。

图1–1–4　水貂犬瘟热，倒地抽搐

此外，眼睑肿胀时，出现结膜炎，有脓性眼眵，进而发生角膜溃疡。末期，心脏可受侵害。

本病致死率为30%～80%。当继发细菌感染或与传染性肝炎混合感染时，则致死率大大提高。

（三）病理变化　解剖死亡狐、貂、貉的肺脏上可见新鲜的出血斑（图1–1–5），直肠黏膜皱襞上常有出血。在自然病例，由于继发

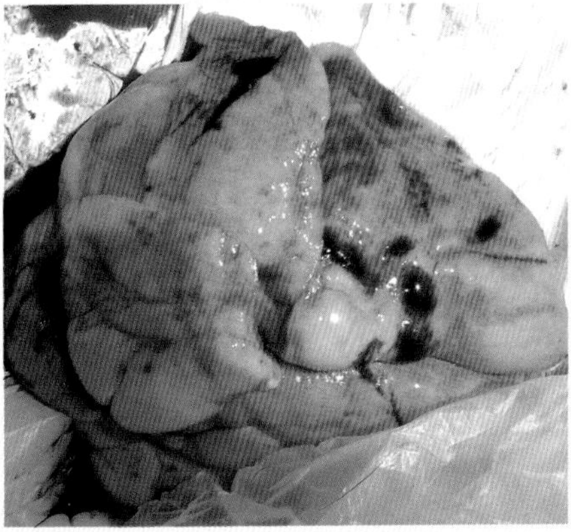

图1–1–5　犬瘟热，出血性肺炎肺有数个出血斑

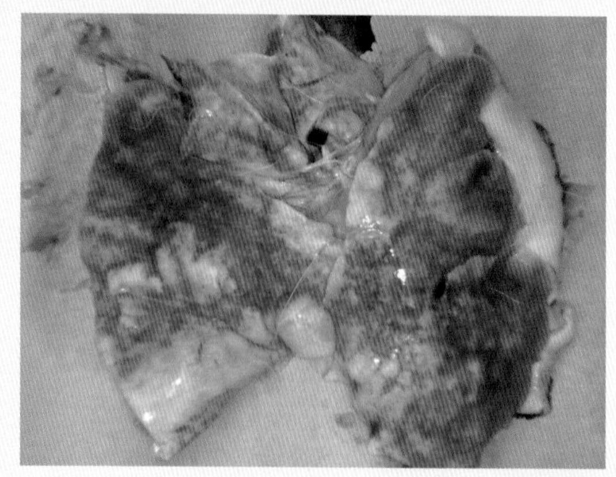

细菌感染，可见严重的化脓性支气管肺炎（图1-1-6），出血性肠炎，肠内容物呈煤焦油状（图1-1-7）。病的后期患病动物的脚垫（指枕垫）干燥变厚，失去弹性（图1-1-8）。

图1-1-6　犬瘟热，严重化脓性肺炎

图1-1-7　犬瘟热，出血性肠炎，粪呈煤焦油状

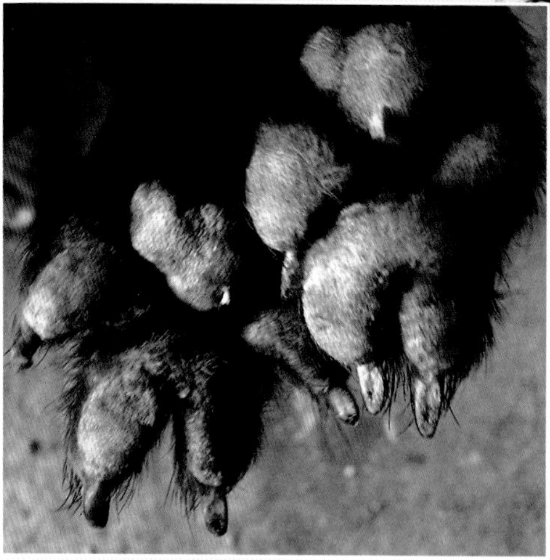

图1-1-8　犬瘟热，脚垫变厚失去弹性

组织学检查，可在病兽各器官的上皮组织细胞中发现包涵体。包涵体在核内及细胞质内，但以细胞质内居多。包涵体呈圆形或椭圆形，直径1～2微米（图1-1-9）。

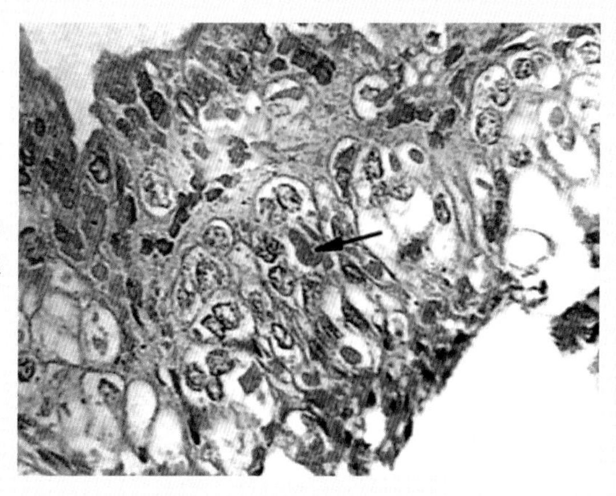

图1–1–9　膀胱上皮细胞中的包涵体，呈圆形或卵圆形

（四）诊断　典型病例，根据临床症状及流行病学资料，可以做出诊断；由于本病在相当多的场合存在混合感染（例如与传染性肝炎混合感染）和细菌继发感染而使临床症状复杂化，应特别注意与犬传染性肝炎的鉴别。犬瘟热快速诊断试剂盒可作为辅助诊断（图 1–1–10）。

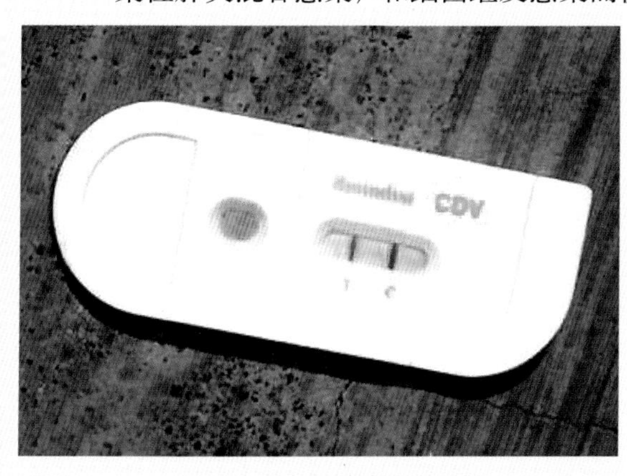

图1–1–10　犬瘟热，快速诊断试剂盒呈阳性

（五）治疗　本病关键在于预防，按防疫规程进行预防注射，发病后主要采取综合性防疫措施。及早隔离病兽，用3%火碱水对养殖场严格消毒，防止互相传染和扩大传播。对尚未发病的健康群立即用犬瘟热弱毒疫苗紧急免疫。

对发病动物用高免犬瘟热血清5～10毫升，肌内注射，1天1次，连用2～3天。

也可肌注干扰素或转移因子、黄芪多糖和病毒唑。为防止细菌继发感染可用抗生素和磺胺类药物，同时使用维生素。对严重脱水的可静脉注射5%葡萄糖氯化钠溶液，并加强护理，注意供给营养丰富的鱼肉鲜料。

对已经不吃、全身状态不好的毛皮动物，尽早捕杀，并彻底消毒有病动物污染的环境，是防止扩大传染的重要措施。

二、细小病毒病

毛皮动物细小病毒病是由犬细小病毒引起的毛皮动物的一种急性传染病。病的特征是呈现出血性肠炎或非化脓性心肌炎症状。

（一）病原及流行病学 毛皮动物细小病毒属于细小病毒科细小病毒属，病毒对各种理化因素有较强的抵抗力，在pH 3和66℃条件下至少能稳定1小时。福尔马林、羟胺和紫外线均能使之灭活。

病狐、病貂、病貉是本病的主要传染源。病毒随粪便、尿液、呕吐物及唾液排出体外，污染食物、垫料、食具和周围环境。主要直接接触或经污染的饲料通过消化道感染。断乳前后的幼狐、幼貂、幼貉对本病最易感，且以同窝暴发为特征。

（二）症状 临床表现有两种病型，即出血性肠炎型和急性心肌炎型。

1. 出血性肠炎型 潜伏期为7～14天。各种年龄的狐、貂、貉均可发生，离乳分窝后的狐、貂、貉最为多发。主要表现为急性出血性腹泻、呕吐、沉郁、发热、白细胞显著减少的综合症状。

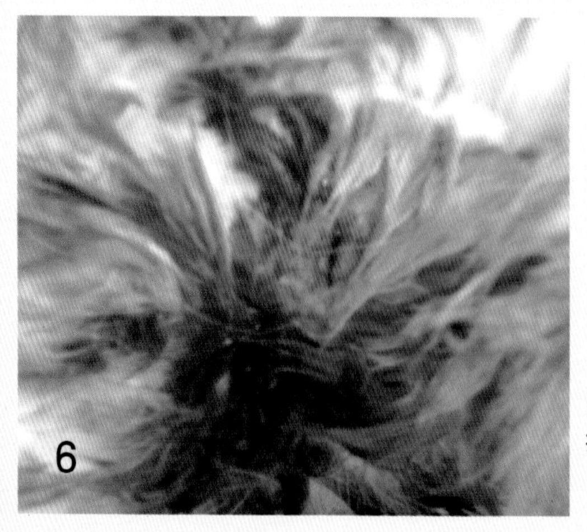

狐、貂、貉突然发病，精神沉郁，食欲废绝，呕吐，体质迅速衰弱。不久，发生腹泻，呈喷射状向外排出。粪便初期呈黄色或灰黄色，覆有多量黏液和假膜，尔后粪便呈番茄汁样（图1–2–1）

图1–2–1 细小病毒性肠炎，狐拉血便、肛门被毛上黏附有血液

发出特别难闻的腥臭味。患病狐、貂、貉迅速脱水，眼窝凹陷，皮肤弹性减退。常于腹泻后的1～3天内死亡（图1–2–2）。体温升高至40℃～41℃，但也有体温始终不高的。有的病狐、貂、貉腹泻可持续1周多。血液学检查发现，白细胞总数明显减少，尤其在发病后的5～6天最为明显。发病率和死亡率分别为20%～100%和10%～50%。

图1–2–2　细小病毒肠炎，狐眼窝下陷

2. 心肌炎型　此型多见于4～6周龄的幼狐、貂、貉。发病初期精神尚好，或仅有轻度腹泻，个别病例有呕吐。常突然发病，可视黏膜苍白，机体迅速衰弱，呼吸困难，心区听诊有心内杂音，常因急性心力衰竭而突然死亡。死亡率为60%～100%。

（三）病理变化

1. 出血性肠炎型　在小肠下段，特别是空肠回肠的黏膜严重剥脱，呈暗红色；肠内容物中常混有多量血液。肠淋巴结肿大，由于充血、出血而变为暗红色（图1–2–3）。有的脾脏出现数个出血斑（图1–2–4）。

图1–2–3　细小病毒性肠炎，肠黏膜严重出血

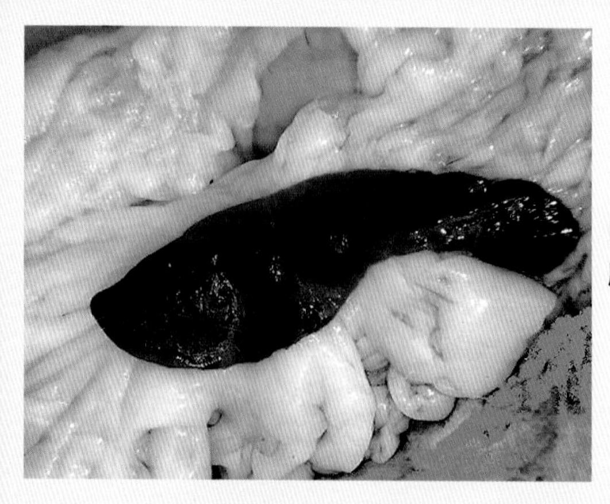

图1-2-4　细小病毒肠炎，脾脏有出血斑

2. 心肌炎型　心肌或心内膜有非化脓性坏死灶，心肌纤维严重损伤，常见出血性斑纹。

（四）诊断　根据临床症状、结合流行病学资料和病理学变化特点，对出血性肠炎型一般可以做出诊断。近年来，国内采用细小病毒快速诊断试剂盒，进行快速诊断（图1-2-5、1-2-6）。

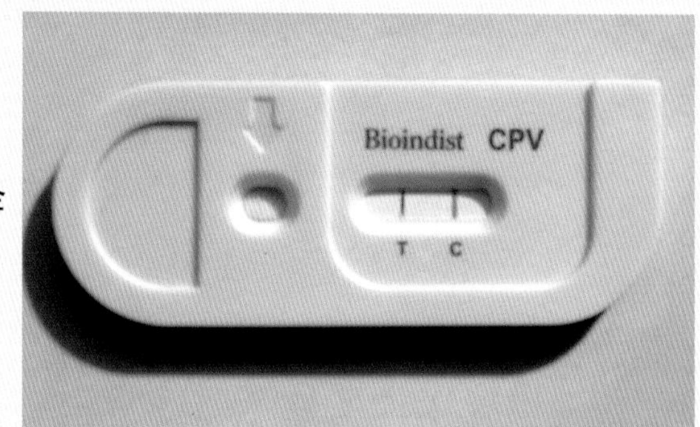

图1-2-5　细小病毒金标快速诊断试剂阳性

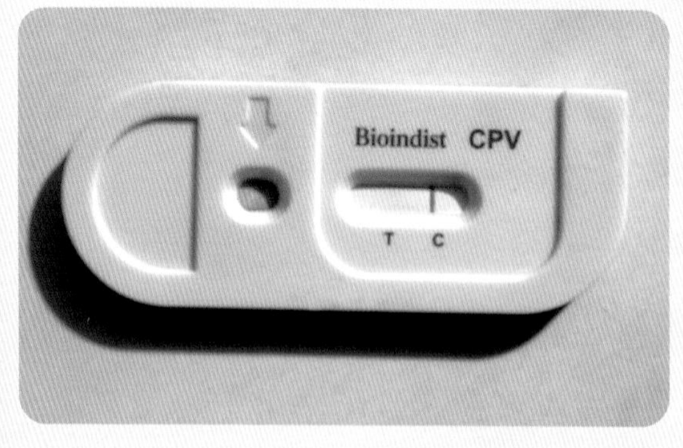

图1-2-6　细小病毒金标快速诊断试剂阴性

（五）防治 发生该病后应立即隔离治疗，并进行彻底消毒。对全群尚未发病的动物立即用细小病毒弱毒疫苗紧急防疫。对发病动物目前尚无特效疗法，一般用犬细小病毒高免血清5～10毫升肌内注射，并采取对症疗法和支持疗法。如大量补液、止泻、止血、止吐、抗感染和严格控制进食等。

预防毛皮动物细小病毒感染的根本措施在于每年的免疫接种2次。国内广泛进行细小病毒弱毒疫苗接种，疫情已很不突出。

三、传染性肝炎（狐脑炎）

传染性肝炎是由犬传染性肝炎病毒所引起的犬科动物的一种急性败血性传染病，近几年来狐、貉常有发生，水貂发病也呈上升趋势。病的特征是循环障碍、肝小叶中心坏死、肝实质细胞和内皮细胞的核内出现包涵体。

（一）病原及流行病学 传染性肝炎病毒属于腺病毒科哺乳动物腺病毒属，病毒的抵抗力强，在室温下可存活10～13周。

病狐、貂、貉是本病的传染源。发病动物的呕吐物、唾液、鼻液、粪便和尿液等排泄物和分泌物中都带有病毒；康复后的动物可获终生免疫，但病毒能在肾脏内生存，经尿长期排毒。主要通过消化道感染，也可以外寄生虫为媒介传染，但不能通过空气经呼吸道感染。本病不分季节、性别、品种均可发生，尤其是不满1岁的狐、貂、貉感染率和致死率都很高。

（二）症 状

1. 肝炎脑炎型 潜伏期为2～8天，轻症病例仅见精神不振，食欲稍差，往往不被人注意。重症病例，体温升高至40℃－41℃，采食减少或停止采食，有时呕吐，粪便初期呈黄色后变为灰绿色，最后变为煤焦油状黏而黑。机体衰竭。也有的在死前有神经症状，全身抽搐，口吐白沫，不久即可死亡。部分病例的眼、鼻有浆液性黏液性分泌物，白细胞减少，血液凝固时间延长。最急性者突然发病，采食停止1天左右即可死亡。

2. **呼吸型** 潜伏期为5～6天，患病动物体温升高1～3天，精神沉郁，采食减少到停止，呼吸困难，咳嗽，有脓性鼻液，有的发生呕吐，常排出带黏液的黑色软粪。

临床上肝炎脑炎型与呼吸型常常同时发生，单一出现的较少。

（三）病理变化 肝炎脑炎型死亡的病例，腹腔内积存大量污红色的腹水（图1−3−1），肝脏肿大，被膜紧张呈黑红色（图1−3−2，图1−3−3）。

图1−3−1 传染性肝炎，貉腹腔内有大量污红色腹水

图1−3−2 传染性肝炎，貉肝肿大呈黑红色

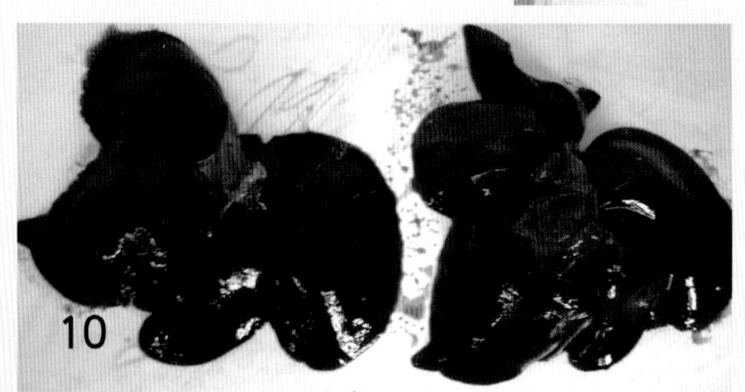

图1−3−3 传染性肝炎，水貂肝肿大，出血

胃、肠黏膜弥漫性出血，肠腔内积存柏油样黏粪（图1–3–4）；具有神经症状的水貂，脑膜充血出血严重（图1–3–5），肺脏出血（图1–3–6）。

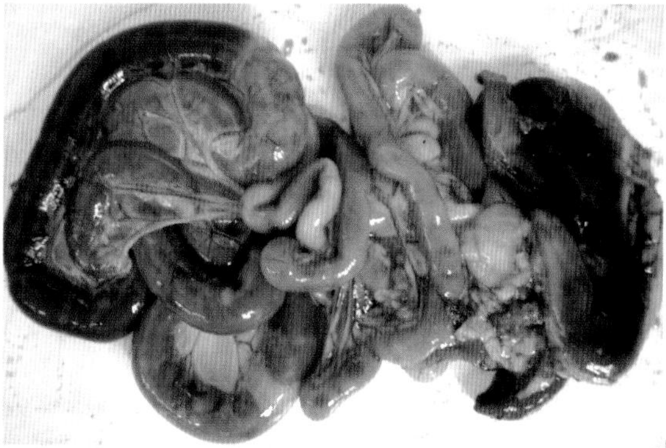

图1–3–4　传染性肝炎水貂，胃肠出血

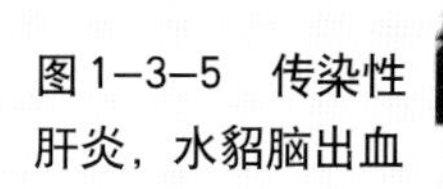

图1–3–5　传染性肝炎，水貂脑出血

图1–3–6　传染性肝炎，水貂肺出血

（四）诊断　根据临床症状，结合流行病学资料和病理剖检变化可做出初步诊断。必要时，可采取发热期动物血液、尿液，死后采取肝、脾及腹腔液进行病毒分离，还可进行血清学诊断，还可用传染性肝炎胶体金快速试剂板进行测定（图1–3–7，图1–3–8）。

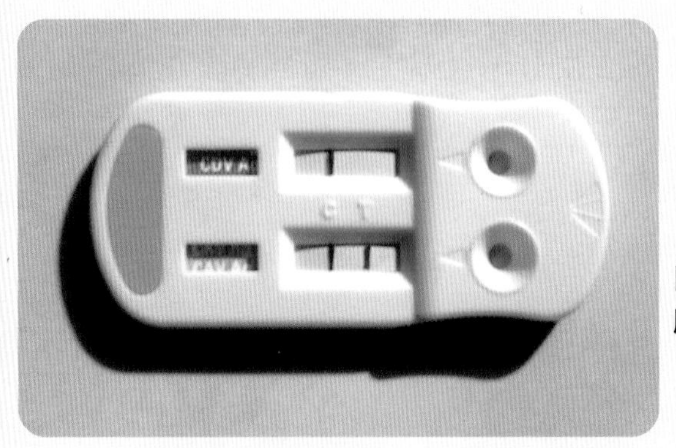

图1–3–7　传染性肝炎，胶体金测试阳性

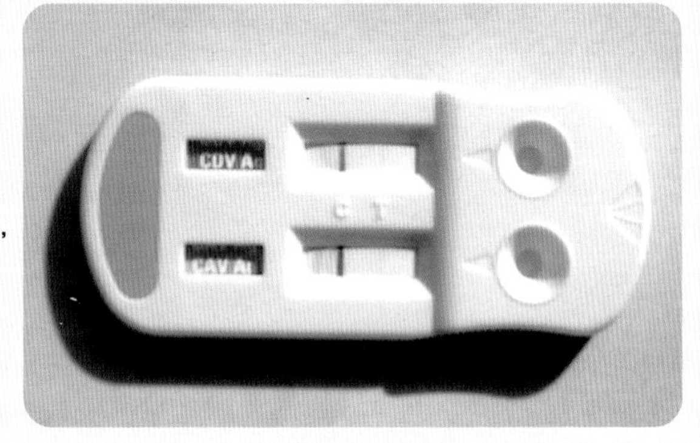

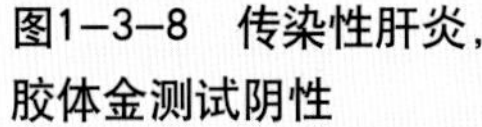

图1–3–8　传染性肝炎，胶体金测试阴性

（五）防治　一般采取输液疗法，以纠正水、电解质的紊乱；用抗生素防治继发感染。也可用大青叶、板蓝根、维生素B_{12}、维生素C进行肌内注射。同时，应注意加强护理和饲养管理。对全群健康动物应用磺胺类药物或用葡萄糖、维生素C、病毒灵、多维素、黄芪多糖等拌料，连喂5～6天。

本病的预防，关键在于严格按照防疫规程进行防疫，注意环境卫生和消毒，注意用优质饲料饲喂动物。发病后的动物立即隔离治疗，对发病动物污染的环境彻底消毒，同时对全群进行预防性投药。

第二章　细菌性传染病

一、钩端螺旋体病（传染性黄疸）

本病是由钩端螺旋体引起的多种动物和人共患的一种传染病。表现两种不同病型：一种是急性致死性黄疸；另一种为亚急性或慢性肾炎。

（一）病原及流行病学

1. 急性致死性黄疸型　多由出血性黄疸钩端螺旋体引起。鼠类是感染本病的主要疫源主体，主要通过被鼠的粪、尿污染的饲料和饮水，经口感染，甚至可经完整的黏膜和皮肤创口而感染。本病在夏秋季节多发。

2. 亚急性、慢性肾炎型　是由犬钩端螺旋体引起的，发病的以及带菌的犬和毛皮动物是本病的传染源，病原随粪、尿排至外界，污染水及饲养环境，健康的动物接触病原后，病原经黏膜或受伤的皮肤接触感染，若病原污染了饮水，可致大批动物发病。某些吸血昆虫也可传播本病。

（二）症状　潜伏期 2～20 天不等，本病可分急性、亚急性和慢性经过。

1. 急性致死性黄疸型　病初表现为不被察觉的短期发热（39.5℃～40℃），病兽采食减少，精神沉郁，随着病的发展，病情加重，震颤，个别的有抽搐，有的呕吐，采食停止。粪便病初的黄色逐渐变为淡绿色，最后呈煤焦油状。可视黏膜黄染，严重者皮肤也呈黄色（图 2–1–1，图 2–1–2）。

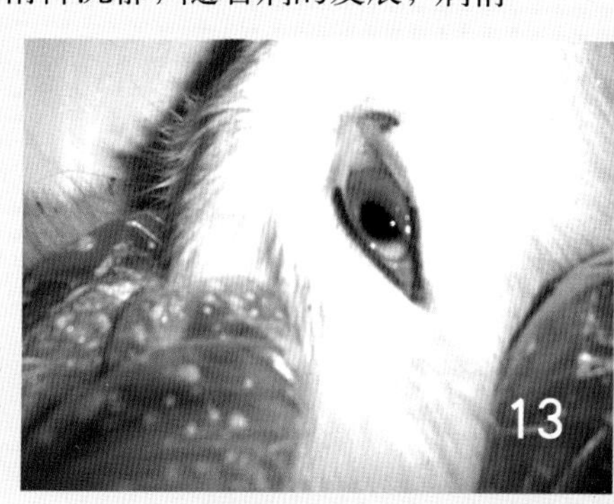

图2–1–1　钩端螺旋体病，狐眼结膜黄染

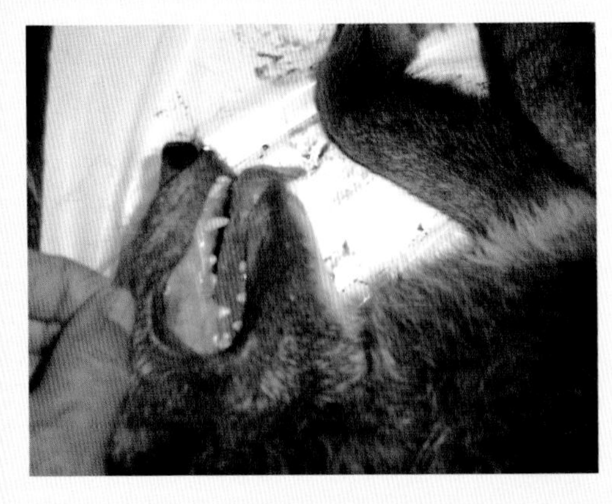

血液变化为红细胞减少，白细胞增多，一般在停止采食后2～3天死亡。

图2–1–2　钩端螺旋体病，口腔黏膜黄染

2. **亚急性、慢性肾炎型**　动物采食减少、呕吐、喝水增加，但吃食越来越少，脱水。可视黏膜充血、淤血，并有出血斑。出现干性及自发性咳嗽和呼吸困难，出现结膜炎、鼻炎和扁桃体炎症状。肾功能障碍出现少尿、无尿或尿液黏稠呈黄红色，亦可能出现血尿，表现尿毒症症状。

（三）病理变化　皮下脂肪黄染，肝脏肿大呈黄褐色或红褐色，有弥漫性针尖大小的出血点（图2–1–3，图2–1–4））。大网膜、肠系膜黄染，肾肿大有弥漫性出血点和出血斑（图2–1–5）。膀胱内有红黄色尿液，膀胱黏膜黄染（图2–1–6）。淋巴结肿大，尤其肠系膜

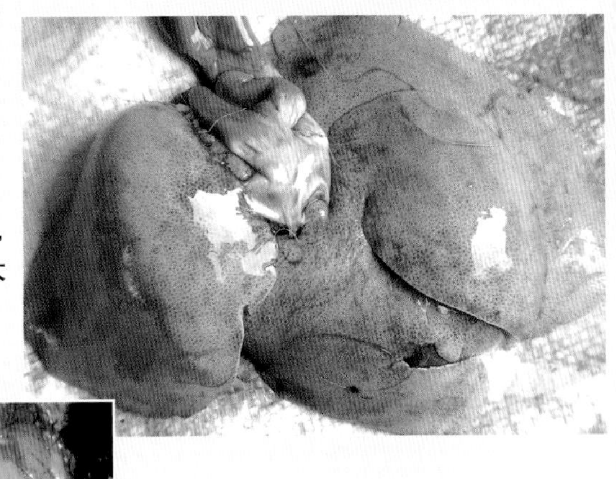

图2–1–3　钩端螺旋体病，肝肿大呈黄褐色有针尖大的出血点

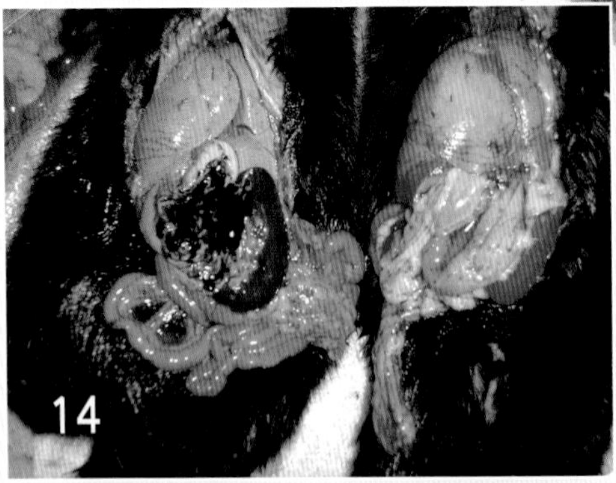

图2–1–4　钩端螺旋体病，肝脏黄染

淋巴结肿大，胃、肠黏膜水肿，出血（图2–1–7，图2–1–8），肠内容物呈柏油状（图2–1–9）。肺脏可呈现局灶性点状出血，有的大面积出血呈暗红色（图2–1–10）。

图2–1–5　钩端螺旋体病，肾肿大有弥漫性针尖大出血点和出血斑

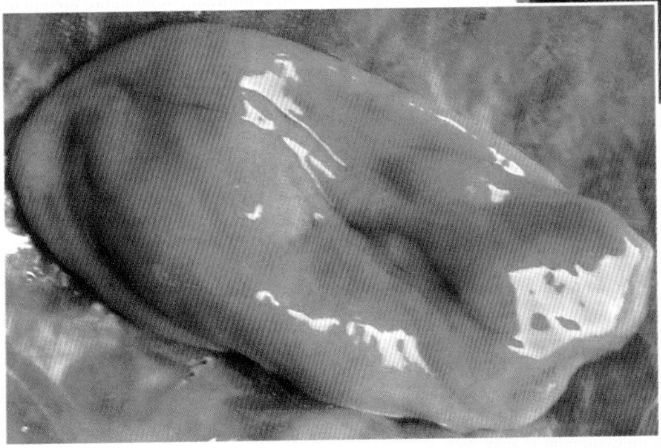

图2–1–6　钩端螺旋体病，膀胱黏膜黄染

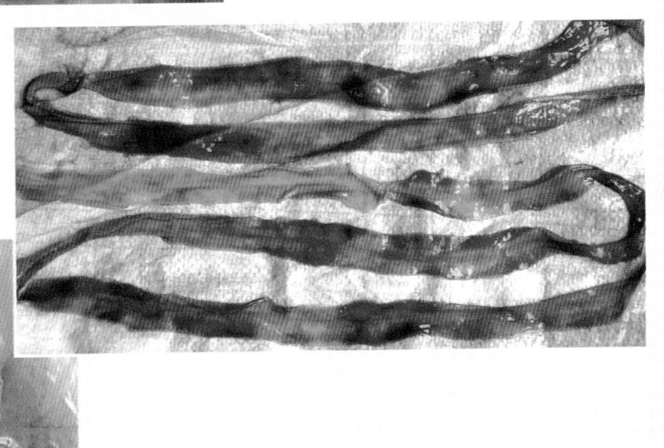

图2–1–7　钩端螺旋体病，肠黏膜出血

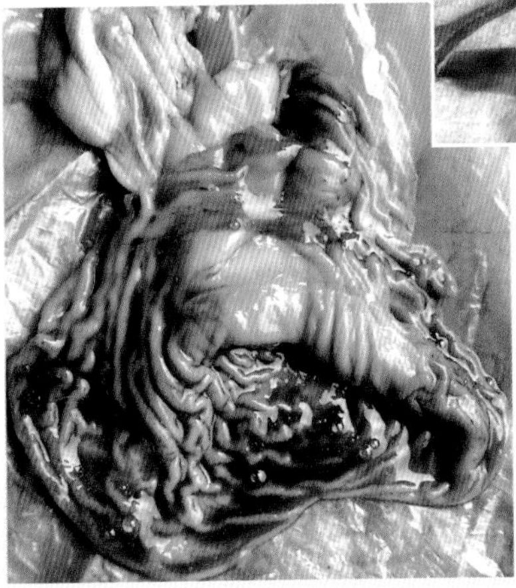

图2–1–8　钩端螺旋体病，胃黏膜水肿

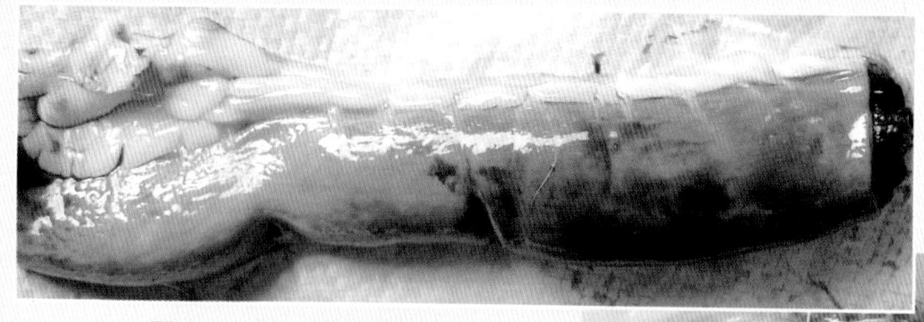

图2-1-9　钩端螺旋体病，肠内充满柏油样粪便

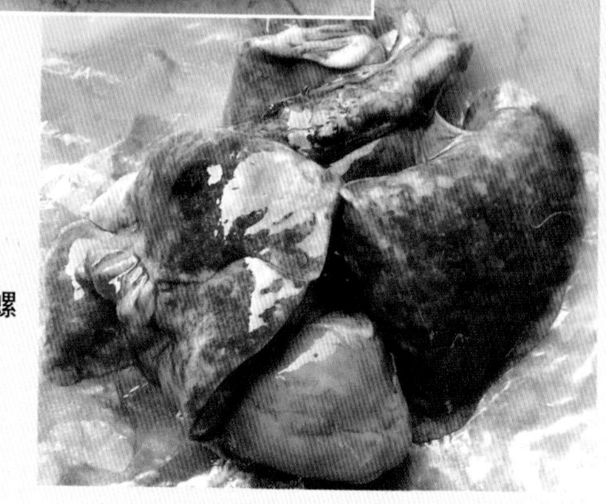

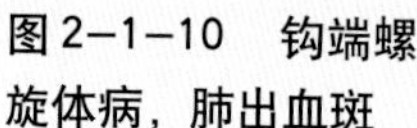

图2-1-10　钩端螺旋体病，肺出血斑

（四）诊断　根据临床症状和病理剖检变化进行诊断，通常根据发热、黏膜黄染有出血点、尿液黏稠呈黄红色，肝肿大呈黄褐色，红细胞减少、白细胞增多，结合流行特点，即可做出初步诊断。该病确诊则有赖于病原检查和血清学检查。病原检查常用暗视野活体检查和染色检查，确诊需做病原检查。

（五）防治

第一，确诊后立即隔离有病毛皮动物，并彻底消毒被污染的环境，注意灭鼠，防止鼠污染水源和饲料，接触患病动物的人员应严格遵守个人卫生规则。

第二，立即对全群进行预防性投药。可用强力霉素、阿莫西林、维生素C、多维素及葡萄糖拌料，以控制本病的蔓延。处方如下：强力霉素7～10毫克/千克体重，阿莫西林10～20毫克/千克体重，维生素C 0.05～0.1克/只，多种维生素0.05～0.1克/只，葡萄糖2～3克/只，混合后拌料喂，每天饲喂2次，连喂5～7天。

第三，对发病的动物可用青霉素、链霉素治疗。青霉素4万～8万单位/千克体重，肌内注射，每天2次。为防止带菌和排菌，可先应用青霉素2周，待肾功能逐步恢复后改用双氢链霉素再用2周，剂量10～15毫克／千克体重。另外，也可静脉注射40%葡萄糖液10～30毫升、维生素B_{12} 0.05～0.1毫克、维生素E 20～30毫克、5%葡萄糖氯化钠200～300毫升，每天用1～2次。

二、魏氏梭菌病

毛皮动物魏氏梭菌病又称魏氏梭菌性肠炎，是由A型魏氏梭菌及其毒素引起的下痢性疾病。临床特征是急性下痢，排黑色黏性粪便，病理特征表现为胃黏膜有黑色溃疡和盲肠浆膜面有芝麻粒大小的出血斑，发病率和致死率都很高，给毛皮动物养殖业带来巨大的经济损失。

（一）病原及流行病学 病原体为A型魏氏梭菌。A型魏氏梭菌普遍存在于土壤、粪便、污水、饲料及健康动物的肠道内，发病的及死亡动物的尸体也是传播本病的病源地。因食入污染的饲料，饲养管理不当、饲料突然更换、蛋白质饲料过量，粗纤维过低等，使胃肠正常菌群失调，可造成肠道内A型魏氏梭菌迅速繁殖，产生毒素，引起肠毒血症和下痢死亡。

本病呈散发或在某几个养殖场中流行。一般在秋季发生较严重，发病率10%～30%，病死率90%～100%。

（二）症状 最急性病例不见任何症状或仅排少量糊状黑粪突然死亡。急性病例，采食减少，排稀便，病初为灰黄色后为灰绿色，最后为煤焦油色状。精神差，蜷缩于笼内不动。腹部膨胀，有腹水。尿色暗呈茶水色。发病后在2～3天内死亡，个别的可拖延1周左右，但最终因肠道吸收毒素而死亡（图2–2–1，图2–2–2）。

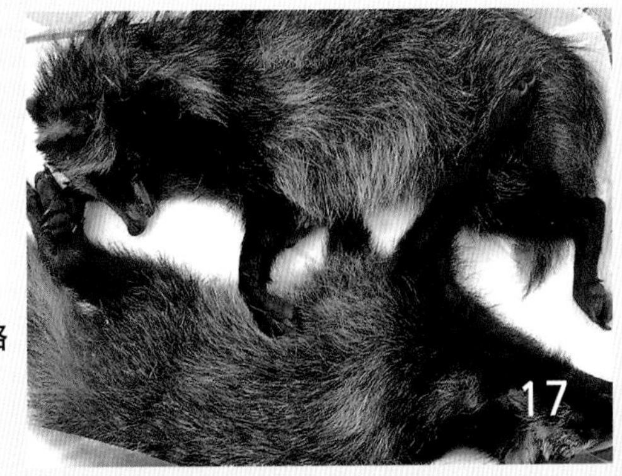

图2–2–1 魏氏梭菌病，死亡的貉

图2-2-2 魏氏梭菌病，死亡的水貂腹部增大

（三）病理变化 尸体外观无明显消瘦。打开腹腔有特殊的腐臭味，胃肠内因充满气体而扩张，胃大弯及胃底部的浆膜下隐约可见到圆形的芝麻粒大小的溃疡面（图2–2–3，图2–2–4），切开胃壁，在胃黏膜上有数个大小不等的黑色溃疡面（图2–2–5，图2–2–6），盲肠充气、扩张、浆膜面及部分肠系膜上可见圆形的出血斑（图2–2–7），小肠壁变薄、透明，各肠段内充满有腐败气味的黑色黏糊状粪便（图2–2–8，图2–2–9）。肝脏肿胀出血（图2–2–10，图2–2–11），肺脏有明显出血斑（图2–2–12），肾脏肿胀，肾皮质出血（图2–2–13）。

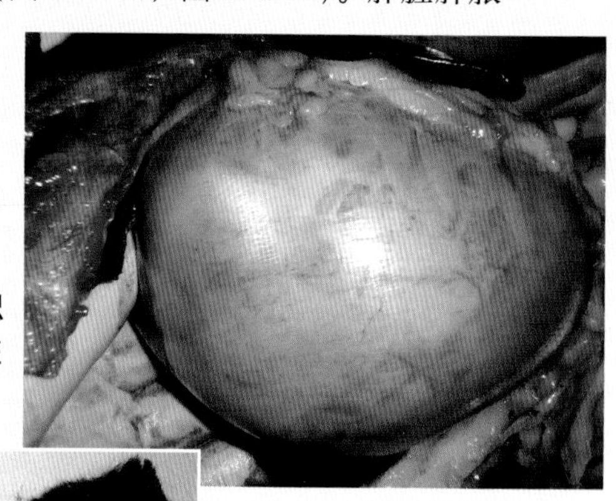

图2–2–3 魏氏梭菌病，貉胃积气扩张，浆膜下有弥漫性出血斑

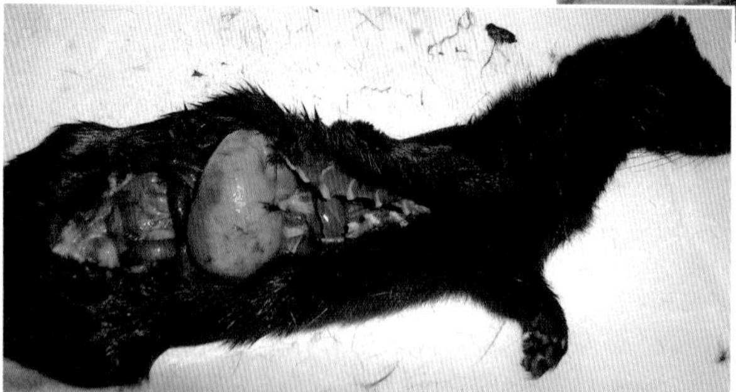

图2–2–4 魏氏梭菌病，水貂胃积气扩张，浆膜下有出血斑

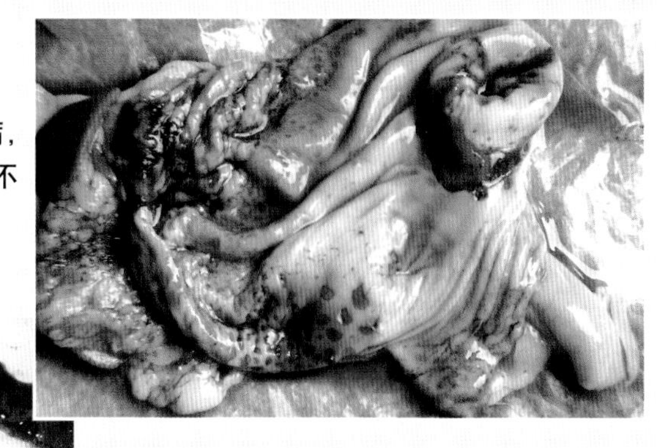

图 2-2-5　魏氏梭菌病，貉胃黏膜上有数个大小不等的圆形的黑色溃疡面

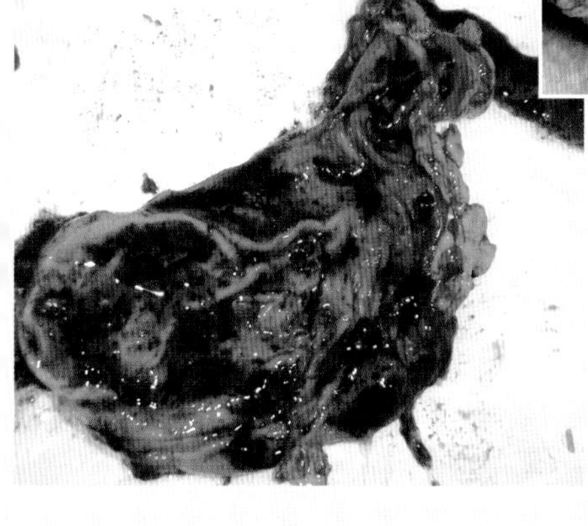

图 2-2-6　魏氏梭菌病，水貂胃黏膜上有大量小的溃疡

图2-2-7　魏氏梭菌病，貉盲肠积气扩张浆膜下有数个圆形的出血斑点

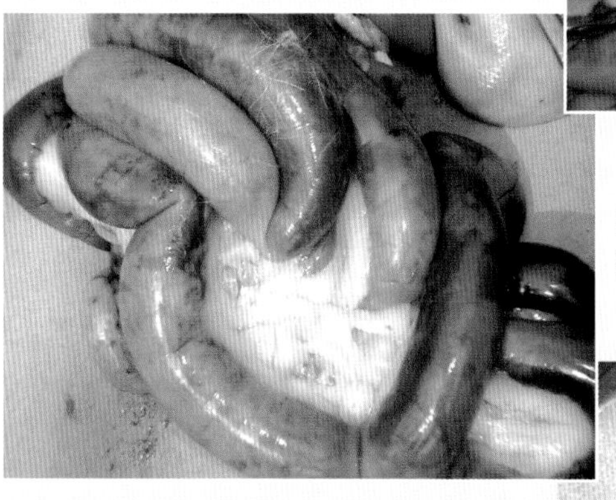

图 2-2-8　魏氏梭菌病，貉小肠壁变薄积气扩张透明，有黑色肠内容物

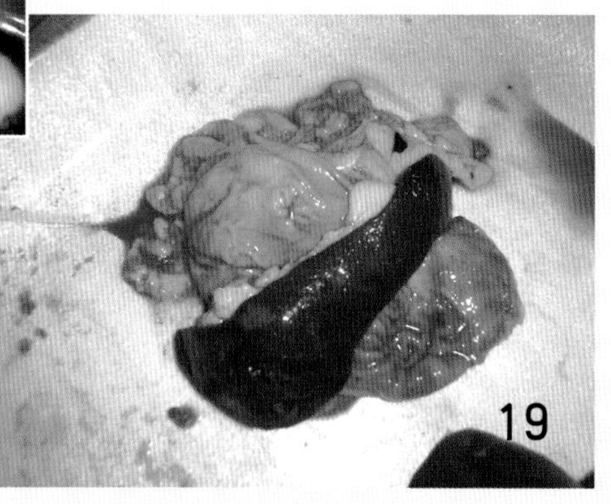

图2-2-9　魏氏梭菌病，水貂小肠积气透明，脾脏有出血斑点

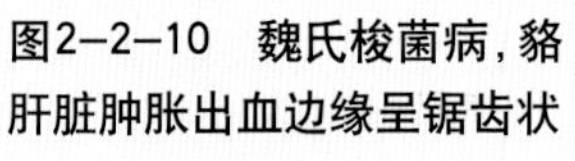

图2-2-10　魏氏梭菌病，貉肝脏肿胀出血边缘呈锯齿状

图 2-2-11　魏氏梭菌病，貉肝脏呈黑红色

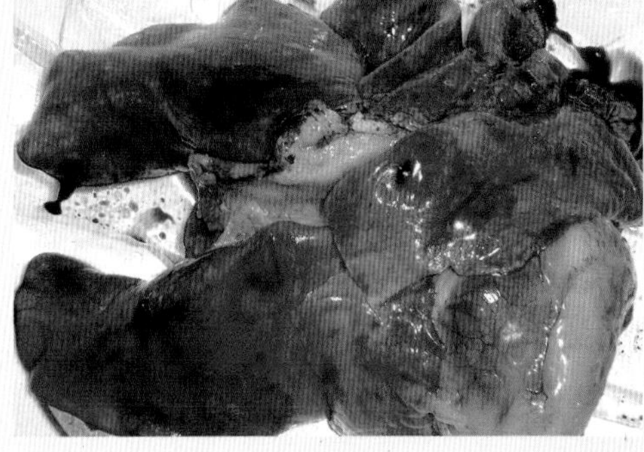

图 2-2-12　魏氏梭菌病，貉肺大面积出血

图 2-2-13　魏氏梭菌病，水貂肾肿胀、肾皮质出血

（四）诊断　根据流行病学特点、临床症状和病理剖检变化可做出初步诊断。最有诊断价值的剖检变化是胃黏膜上的弥漫性圆形的溃疡病灶和盲肠壁浆膜下的芝麻粒大小的出血斑点。但最后确诊要做细菌学检查和毒素测定，采取肠内容物直接涂片，革

兰氏染色镜检，镜下可看到魏氏梭菌为革兰氏阳性大杆菌，呈单个或双链，菌端钝圆，有荚膜（图2-2-14）。

图 2-2-14　产气荚膜梭菌

（五）防治　发现后立即隔离病兽，对全场进行消毒，立即停止饲喂不洁的变质饲料。对健康全群立即用磺胺6甲氧嘧啶50毫克／千克体重和金霉素20毫克／千克体重拌料，连喂5～7天。为预防本病的继续发生，可全年在饲料中拌入弗吉尼亚霉素抗生素添加剂，不仅可有效防止毛皮动物肠炎、肠出血、肠坏死病的发生，而且有促进生长，提高幼狐成活力、提高毛皮质量的多种作用，添加量为10～20毫克／千克。

对发病的已不采食的重症病例，大多难以治愈。对轻症病例可用庆大霉素，剂量为2～5毫克／千克体重，肌内注射，或拜有利0.5～2毫升，肌内注射，连用3～5天。

三、水貂出血性肺炎

本病是由铜绿假单胞菌引起的，以肺出血、鼻、耳出血、脑膜炎为特征的急性败血症疾病，病程短，死亡率高。

（一）病原及流行病学　本病为铜绿假单孢菌，革兰氏染色阴性，本菌为条件性致病菌，在土壤、水和空气中广泛存在，在动物体皮肤和正常的肠道中也可发现。当饮水、饲料被铜绿假单胞菌污染或因某些应激因素的作用下动物肠道内的正常菌群发生紊乱后，铜绿假单胞菌大量繁殖而致病。患病和带菌动物为主要传染源，通过直接和间接接触，通过消化道和呼吸道感染。多呈地方性流行，饲养管理不当及环境卫生不良可诱发本病。

（二）症状 本病常突然发病，最急性者未见症状而死亡，急性型者一般表现为精神沉郁、采食减少或完全停止采食，卧于笼中，很少活动，体温升高，鼻及眼常有分泌物，呼吸困难，有的貂的鼻及耳道有出血（图2–3–1，图2–3–2），一般停止采食1～2天死亡。如经及时治疗，50%～60%的发病动物可治愈。

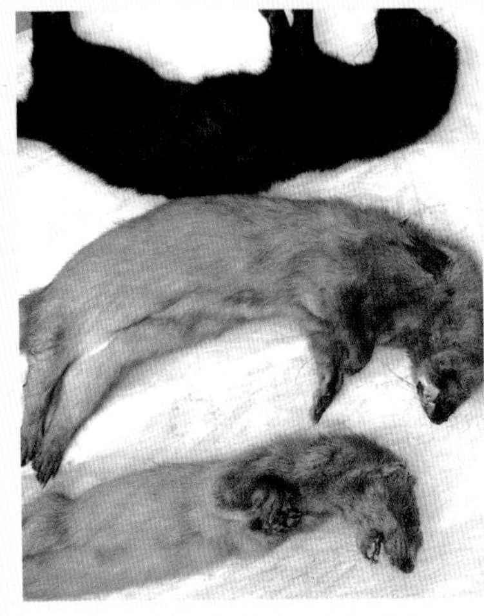

图2–3–1 出血性肺炎，死亡水貂的耳道出血

图2–3–2 出血性肺炎，死亡水貂口鼻内出血

（三）病理变化 打开胸腹腔可见肺大面积出血，呈黑红色（图2–3–3，图2–3–4），肺泡及各大小支气管内充满出血性泡沫状液体，心脏出血呈黑红色（图2–3–5）。脾脏肿大出血呈黑红色（图2–3–6），肾出血呈黑红色（图2–3–7）。胃黏膜出血，肠管出血（图2–3–8，图2–3–9），肝肿胀出血（图2–3–10）。

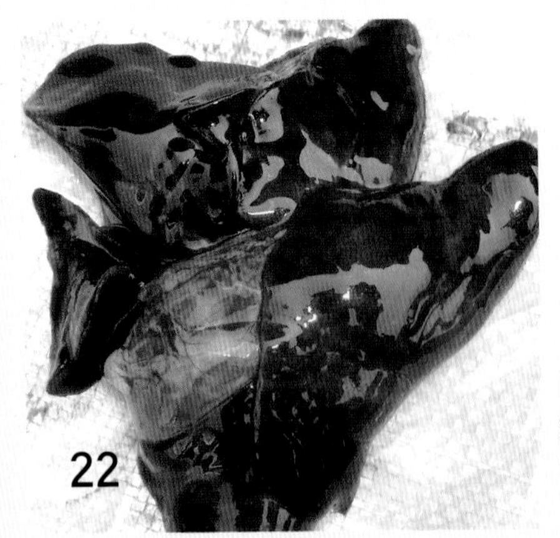

图2–3–3 出血性肺炎，水貂整个肺出血，呈黑红色

图2-3-4　出血性肺炎，
水貂肺严重出血变化

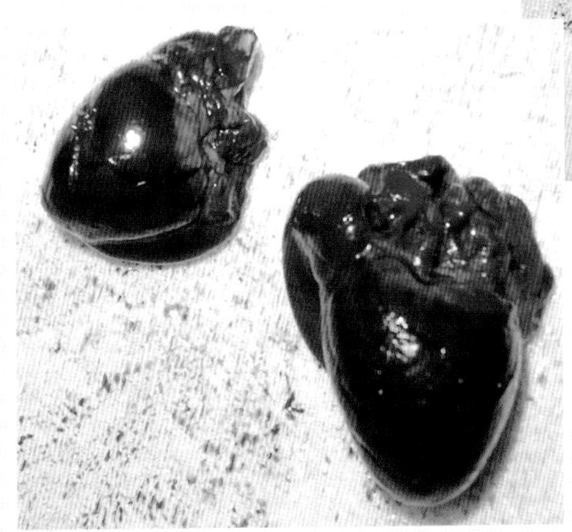

图2-3-5　出血性肺炎，
水貂心脏出血呈黑红色

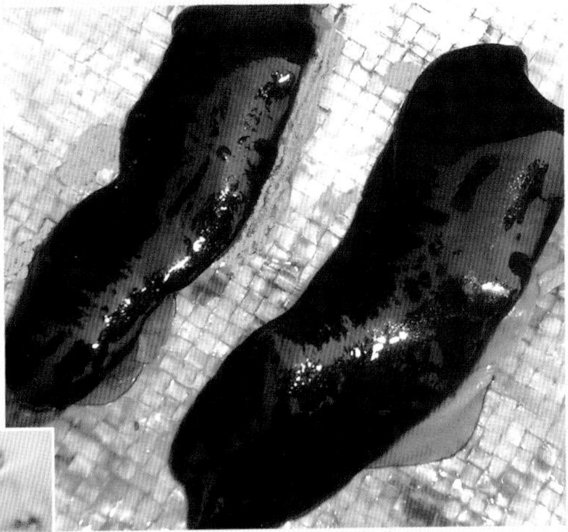

图 2-3-6　出血性肺炎，
水貂脾肿大出血呈黑红色

图2-3-7　出血性肺炎，
水貂肾出血呈黑红色

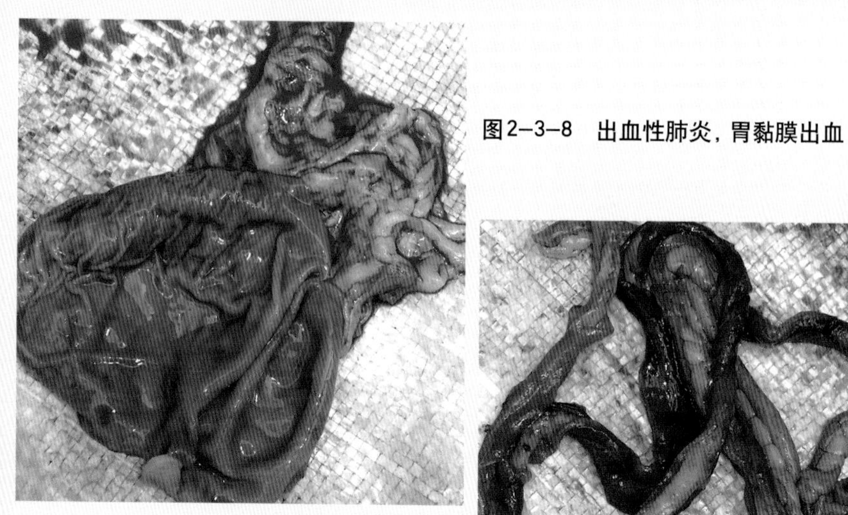

图2-3-8　出血性肺炎，胃黏膜出血

图2-3-9　出血性肺炎，肠黏膜出血，有出血性坏死斑

图2-3-10　出血性肺炎，肝肿胀出血

（四）诊断　根据临床症状、病理剖检变化和流行特点，初步可以确定本病，但确诊需做细菌学诊断，如涂片镜检和细菌分离培养。

（五）防治　确诊本病后立即对全场进行彻底消毒，搞好环境卫生，并对病死貂污染的笼具和地面彻底消毒，对病死貂深埋或焚烧。

对全场健康群用庆大霉素等进行防治，剂量为7～10毫克／千克体重；多黏菌素，剂量为2～5毫克／千克体重拌料，每天饲喂2次，连用4～5天；对发病的轻症水貂可用庆大霉素，剂量2～5毫克／千克体重；青霉素，剂量3万～4万单位／千克体重，肌内注射，1天2次，连用3～4天。病重已不采食者，虽经用药治疗，但大多难以治愈。

四、巴氏杆菌病

毛皮动物巴氏杆菌病是多杀性巴氏杆菌引起的一种常见病，本病以肺炎和败血病为临床特征，以3～6月龄的毛皮动物发病最多，致死率高。

（一）病原及流行病学 多杀性巴氏杆菌为革兰氏阴性、两端钝圆的细小杆菌，不形成芽孢，用瑞氏染色或美蓝染色呈两极着色（图2-4-1）。血清琼脂平板培养，呈露珠状小菌落（图2-4-2）。本菌对5%石灰乳、1%石炭酸、1%福尔马林、1%漂白粉均敏感。加热60℃ 1分钟内即可杀死。

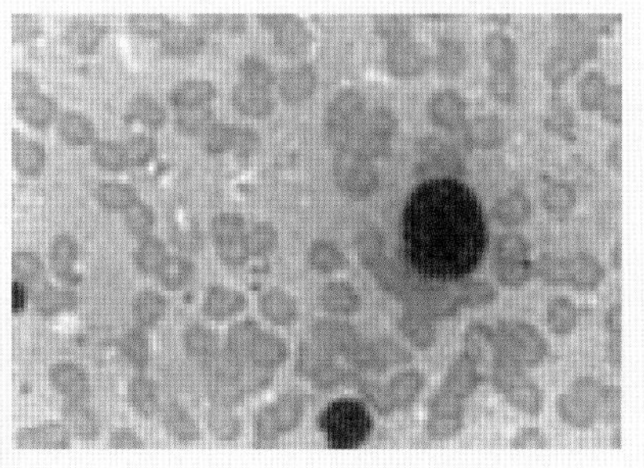

图2-4-1 巴氏杆菌，瑞氏染色

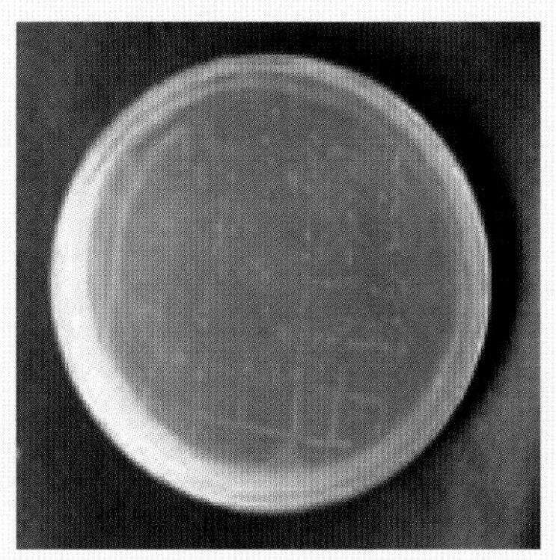

图2-4-2 巴氏杆菌，血清琼脂平板培养，露珠状小菌落

该菌常存在于健康毛皮动物上呼吸道的黏膜中。当在饲养管理不当、营养缺乏、气候剧变、潮湿、拥挤、分窝、惊吓及寄生虫病等不良因素作用下，动物机体抵抗力下降，在上呼吸道黏膜内的多杀性巴氏杆菌乘机侵入动物体内，发生内源性感染。病菌可随唾液、鼻液、粪便、尿液污染饲料、饮水、用具等，经消化道传染，也可经呼吸道传染，吸血昆虫的叮咬也可经皮肤、黏膜而发生传染。

本病的发生无明显季节性，但以冬春季节交替或闷热潮湿季节多发，狐狸、水貂和貉在各生物学阶段均可发生，但以断奶分窝后的幼狐、幼貂、幼貉发病率高。

（二）症状 潜伏期从几小时至5天或更长。主要临床症状如下。

1. 传染性鼻炎 本类型传播较快、病程较长。主要表现为鼻黏膜发炎，流出浆液性鼻液，以后转为黏液性或化脓性鼻液。动物常表现咳嗽、喷嚏、上唇和鼻孔周围被毛潮湿、皮肤红肿，形成皮炎，由于鼻炎引起鼻黏膜肿胀，鼻泪管堵塞从而引起流泪或发生化脓性结膜炎（图2-4-3，图2-4-4）。

图2-4-3 巴氏杆菌病，貉的化脓性结膜炎

图2-4-4 巴氏杆菌病，狐狸流脓性鼻涕

2. 肺炎型 发病的幼狐、貂表现采食减少或停止采食，精神不振，常卧于小室内不动、有的发生咳嗽、呼吸加快、体温升高

到40℃以上，无呕吐与腹泻症状。停止采食1～2天很快死亡（图2-4-5）。

图2-4-5　巴氏杆菌病，死亡的狐狸

3. 败血症型　病狐、病貂精神沉郁、采食停止、呼吸急促、体温升高40℃以上，腹泻，排水样便，后排带血的稀便。临死前体温下降、四肢抽搐、尖叫，病程短的24小时死亡，稍长的3～4天死亡。最急性者常见不到临床症状而突然死亡。

（三）病理变化　死亡水貂的全身浆膜、黏膜充血、出血，淋巴结肿大。死于肺炎型的狐狸，肺脏呈严重的出血性、纤维素性肺炎变化，肺表面附着纤维素团块，后期可表现肺脓肿（图2-4-6）。

图2-4-6　巴氏杆菌病，肺脏出血性变化

死于败血症的狐狸，心与肺严重充血、出血（图2-4-7），肝脏出血肿胀，其表面附着大量纤维素性渗出物（图2-4-8），肠管出血有许多纤维素性渗出物附着（图2-4-9），肾出血（图2-4-10）。

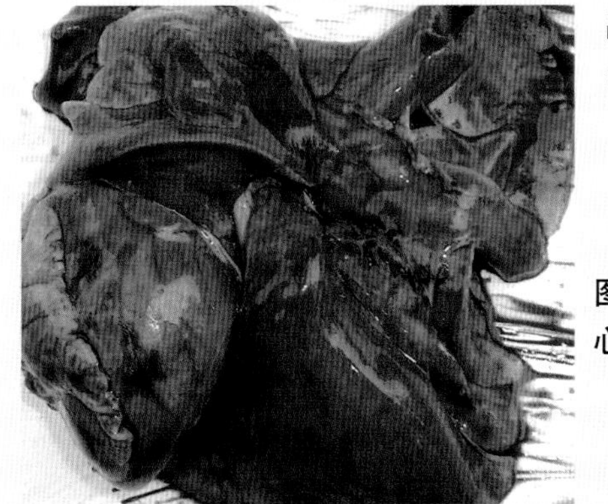

图2-4-7　巴氏杆菌病，心肺严重充血、出血

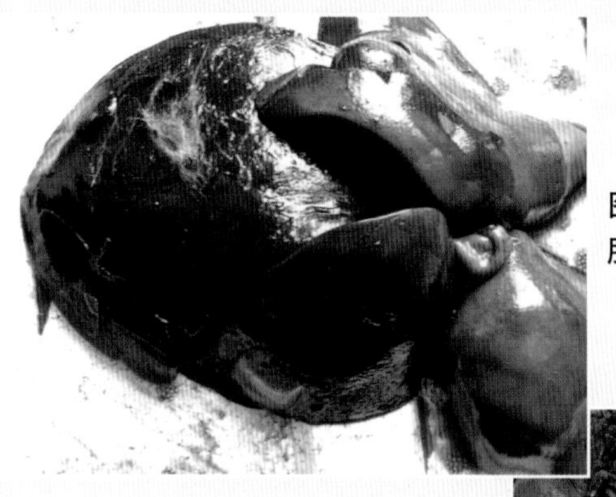

图 2-4-8　巴氏杆菌病，肝脏肿胀出血附着渗出物

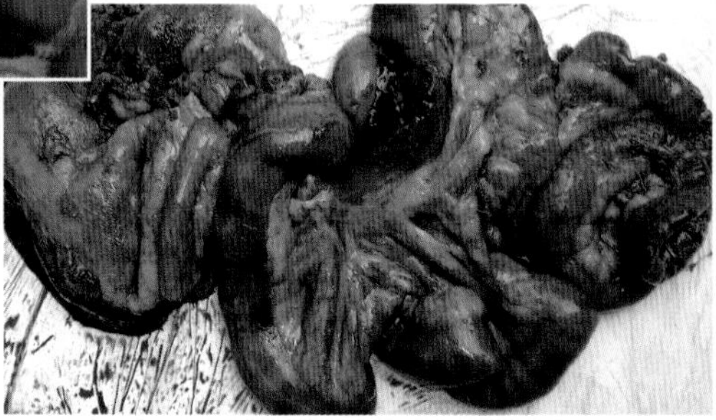

图 2-4-9　巴氏杆菌病，肠管出血，有纤维素附着

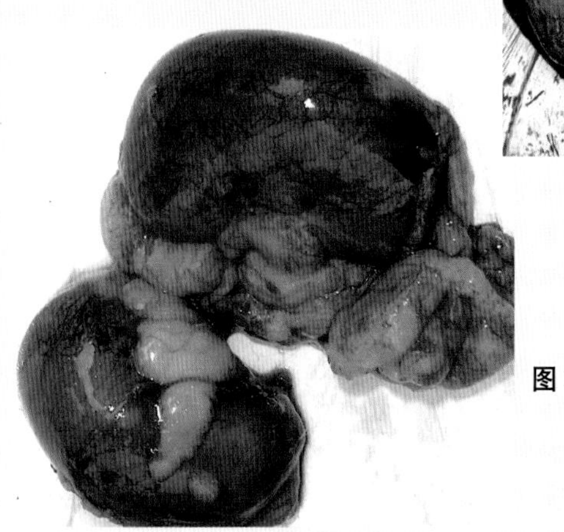

图 2-4-10　巴氏杆菌病，肾脏出血

（四）诊断　根据流行病学、临床症状及病理变化，一般可做出初步诊断，确诊须做细菌学检查。

（五）防治　发现有病的动物立即隔离、消毒，全场用 10% 石灰水或2%～3%火碱水进行消毒。重症病狐应扑杀深埋或火烧。

对全场健康群可用环丙沙星，按 7～10 毫克／千克体重的剂量拌料投药，每天喂二次，连喂5～6天。轻症病例可用拜有利肌内注射，剂量 0.5～1 毫升／只，每天一次，连用4～5天。也可选用青霉素、链霉素、卡那霉素进行肌内注射。预防本病可用巴氏杆菌菌苗每年进行 2 次的预防接种。要加强饲养管理，搞好环境卫生，定期消毒。

五、大肠杆菌病

本病是由致病性大肠杆菌所致的狐、貂、貉的一种传染病。主要危害断奶前后的动物，引起严重的腹泻和败血症，严重影响毛皮动物生长，并造成死亡。

（一）病原及流行病学 病原为致病性大肠杆菌，为革兰氏阴性短小杆菌（图2–5–1）。在普通培养基上生长后形成光滑、湿润、乳白色边缘整齐的中等大菌落（图2–5–2），在麦康凯培养基上形成的菌落为紫红色（图2–5–3）。致病性大肠杆菌的血清型非常多，毛皮动物大肠杆菌的血清型可能为O_{10}，O_{85}，O_{119}，O_{18}，O_{20}，O_{70}，O_{209}，O_{339}等。从不同地区分离的菌株，其血清型有一定差异。

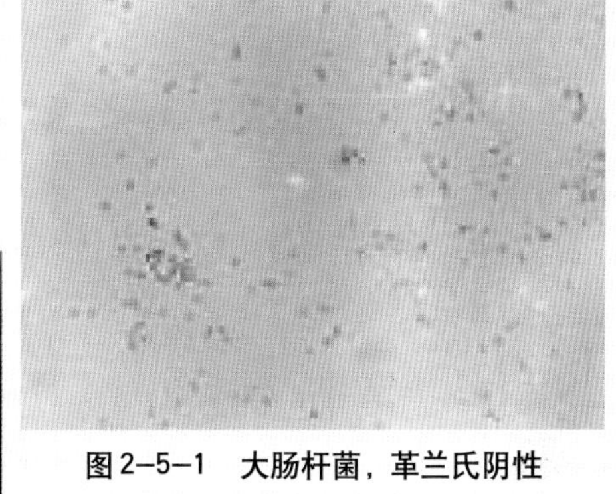

图2–5–1　大肠杆菌，革兰氏阴性

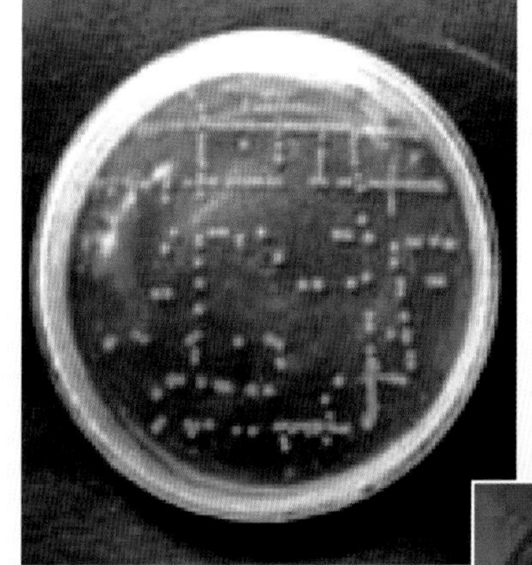

图2–5–2　大肠杆菌，普通琼脂培养基上的菌落

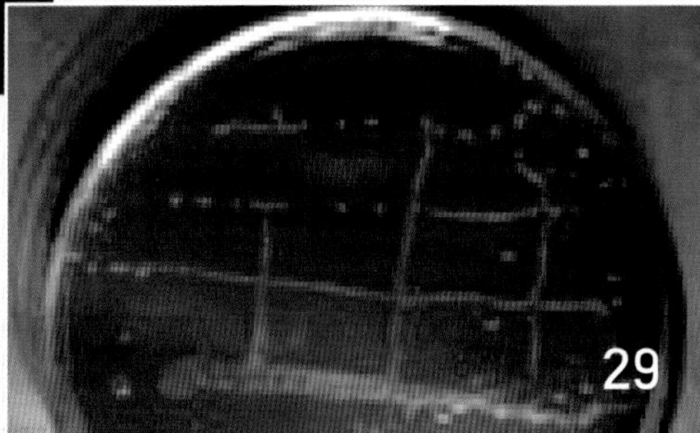

图2–5–3　大肠杆菌，麦康凯培养基上的红色菌落

引起毛皮动物发病的大肠杆菌所产生的内毒素是引起腹泻的主要原因。

各种年龄的毛皮动物均具有易感性，但以1～4个月龄的毛皮动物最易感。幼龄的毛皮动物发病率高，致死率高，哺乳期间的致死率最高。不同品种的毛皮动物均可发病。发病的毛皮动物的粪便污染饲槽、饲料及饮水，通过消化道感染，在某些应激状态下肠道内正常菌群发生紊乱下可诱发本病的发生。本病多发于夏秋高温、高湿季节。

（二）症状 本病潜伏期2～5天，断奶前后的仔貂和幼狐、幼貉发病率高。

1. 最急性型 幼貂、幼狐未见临床症状就已死亡，或白天正常而夜间突然已死亡（图2-5-4）。

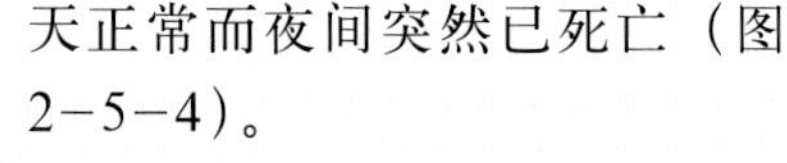

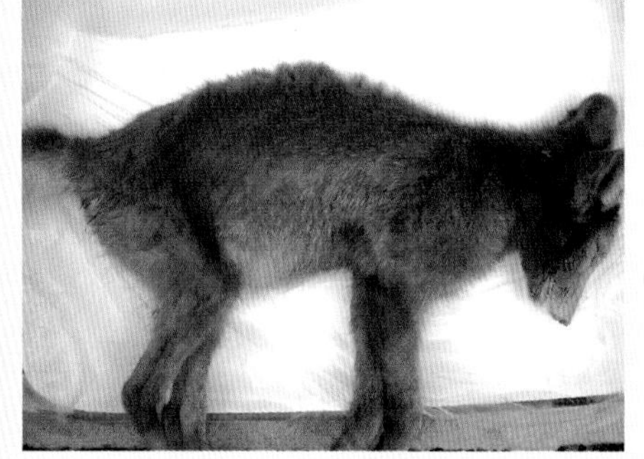

图2-5-4 大肠杆菌病，死亡的幼狐

2. 急性病例 体温一般正常或稍高于正常，精神沉郁，被毛粗乱，脱水，消瘦，体重减轻，腹部膨胀。病的初期粪便稀软，呈黄色粥状，随后腹泻加剧，粪便呈灰白色带黏液泡沫。严重的病例体温升高到40℃～41℃，有时呕吐，粪便中有条状血液或血丝及未消化的饲料，粪便中常带有泡沫。严重的发生水泻、肛门失禁，呈里急后重，引起直肠脱出或伴发肠套叠的直肠脱出。发病动物采食减少或停止采食，极度消瘦、弓腰、眼窝下陷、乏力，临死前体温下降。

（三）病理变化 死亡的狐狸被毛粗乱无光、腹部膨胀（图2-5-5）。腹水呈淡红色，肠管浆膜面出血（图2-5-6）。胃壁有数个出血斑，脾脏肿大1～2倍并有明显的出血斑（图2–5–7）。肝脏出血，其表面附有多量纤维素块和坏死灶（图2–5–8）。肺脏呈出血性纤维素性肺炎变化（图2–5–9），肾出血与变性（图2–5–10）。

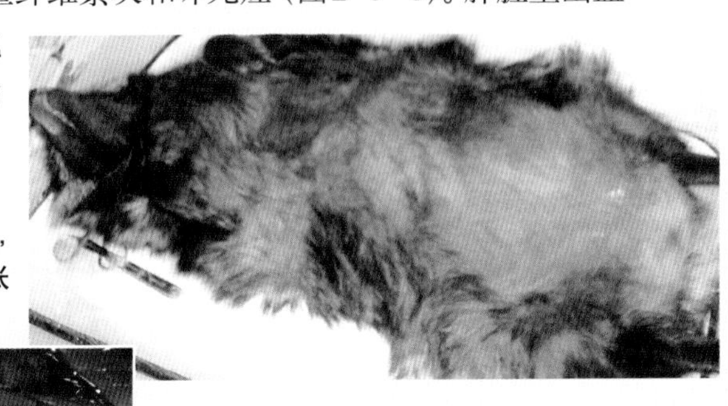

图2–5–5 大肠杆菌病，狐狸被毛粗乱，腹部膨胀

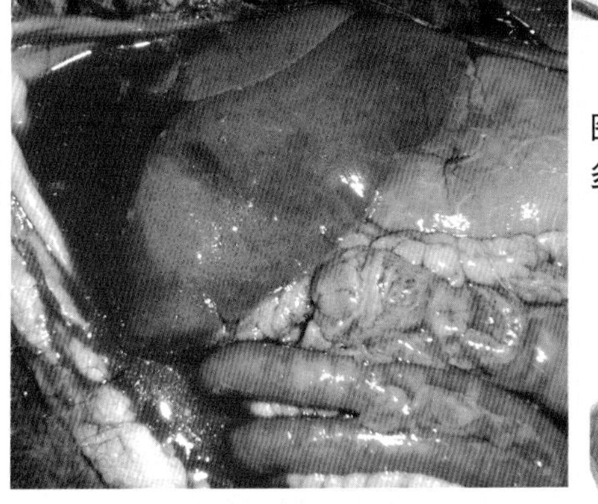

图2–5–6 大肠杆菌病，有多量淡红色腹水，肠管出血

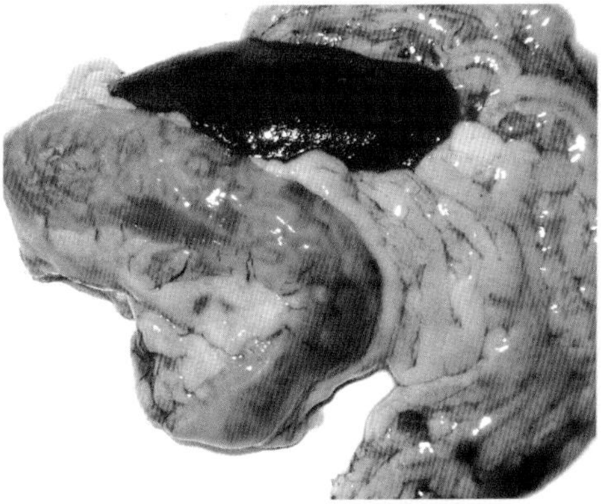

图2–5–7 大肠杆菌病，胃壁有出血斑及脾脏肿大有出血斑

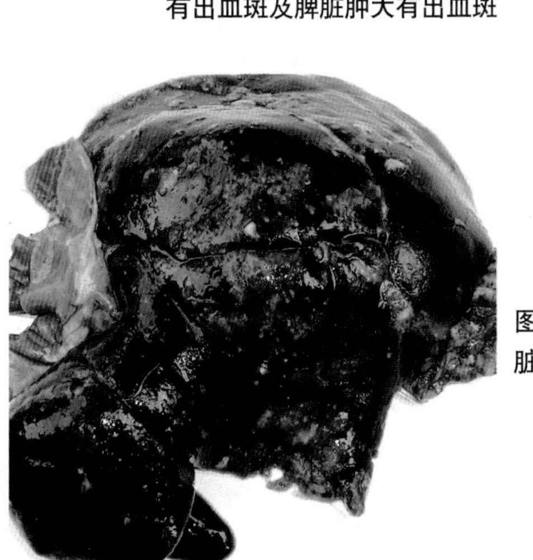

图2–5–8 大肠杆菌病，肝脏出血，并附着有纤维素块

图2–5–9　大肠杆菌病，出血性纤维素性肺炎

图2–5–10　大肠杆菌病，肾出血变性

（四）诊断　根据流行病学、临床症状和病理变化可做出初步诊断；本病的确诊需进行实验室诊断。用已知大肠杆菌因子血清进行鉴定，也可用大肠杆菌单克隆抗体诊断制剂诊断。

（五）防治　平时应改善母兽的饲料质量并要合理搭配，使妊娠的母兽有一个健康的体况。对即将分娩的母狐、母貂、母貉，要对乳房、会阴部用消毒水进行清洗；对有临产征兆的母狐、母貂、母貉，可小心地给以注射青霉素、链霉素，每千克体重各2万单位，也可肌内注射拜优利0.5～2.0毫升。产仔后要保持产仔小室内的卫生与清洁，及时清理小室内的食物与粪便。母兽的饲料内拌入弗吉尼亚霉素抗生素饲料添加剂，这对预防仔兽的大肠杆菌病、梭菌性肠炎和下痢及提高仔兽成活率方面是极为重要的措施。

本病的最急性经过的病例往往来不及治疗。对幼狐、幼貂、幼貉开始采食后，饲料中添加弗吉尼亚霉素抗生素添加剂，可有效预防大肠杆菌性肠炎，可大大提高仔兽的抵抗力和成活率。

对已发病的动物常用以下药物，连用3～5天。

硫酸庆大霉素、新霉素、恩诺沙星、盐酸环丙沙星、诺氟沙星（氟哌酸）、氧氟沙星等肌内注射，对腹泻严重的通过静脉补液可大大提高治愈率；不能静脉给药者可用口服补液盐（氯化钠3.5克，碳酸氢钠2.5克，氯化钾1.5克，葡萄糖20克，常水1000毫升），让幼兽自由饮服。当幼兽不能饮水又无法进行静脉补液时，可用等渗盐水和抗菌药物进行腹腔内注射。

六、沙门氏杆菌病

毛皮动物沙门氏杆菌病，是由沙门氏菌属的肠炎沙门氏菌、猪霍乱沙门氏菌和鼠伤寒沙门氏菌引起的人和动物共患疾病的总称。临床上多表现为败血症和肠炎，也可以使怀孕母兽发生流产。

（一）病原及流行病学　沙门氏杆菌属革兰氏阴性杆菌，不形成芽胞及荚膜，为需氧或兼性厌氧菌（图2–6–1），在普通琼脂培养基上生长后形成光滑、灰白色、边缘整齐隆起的中等大菌落（图2–6–2）。沙门氏杆菌对外界环境有一定的抵抗力，在外界条件下可生存数周或数月。对化学消毒剂的抵抗力不强，常用消毒剂和消毒方法均能达到消毒目的。许多沙门氏杆菌具有产生毒素的能力，尤其肠炎沙门氏菌、鼠伤寒沙门氏菌的毒素有耐热性，经75℃ 1小时仍有毒力，能使人和动物发生食物中毒。

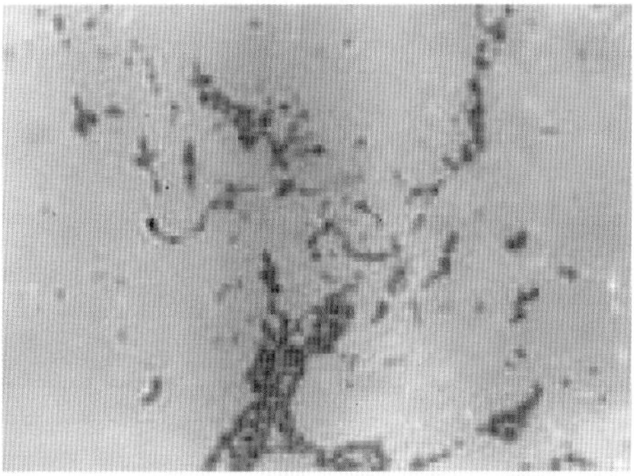

图2–6–1　沙门氏杆菌，革兰氏染色阴性

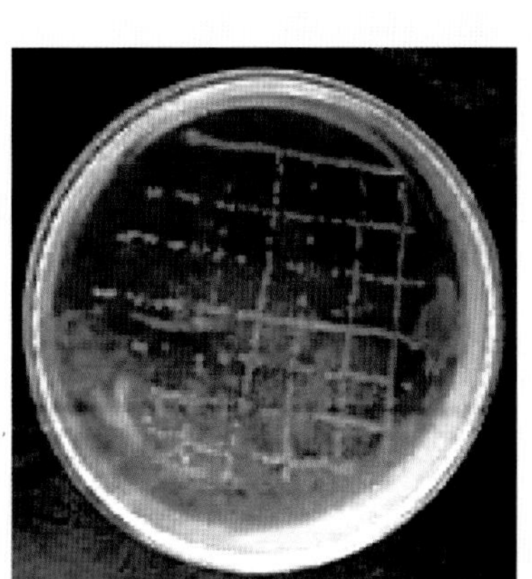

图2–6–2　沙门氏杆菌，培养基上的形态

发病的毛皮动物、隐性沙门氏杆菌病畜（禽）以及患过此病的病畜（禽）所产的乳、肉、蛋是主要的传染源。鼠类、禽类、蝇等可将病原体带入饲养场引起感染。用未煮沸或未煮熟加工的鸡架、鸡肝、鸭肝、毛蛋、鸡肠及其他动物内脏喂毛皮动物最易引起感染。

（二）症状 本病的临床表现随感染细菌的数量、动物的免疫力、并发因素及并发症的不同而有区别。主要表现有胃肠炎型、菌血症和内毒素血症以及妊娠期流产。

1. 胃肠炎型 多数急性病例，与该菌接触3～5天即开始出现症状。最初发热40℃～41.1℃，精神不振、厌食、呕吐和腹泻。腹泻呈水样和黏液样，重症可出现血样便。发病后几天内体重减轻，腹泻明显，黏膜苍白，虚弱、脱水，毛细血管充盈不良，休克。有的表现后肢瘫痪，失明，抽搐。急性胃肠炎还可继发肺炎，出现咳嗽、呼吸困难及鼻出血。

2. 菌血症和内毒素血症 沙门氏胃肠炎过程中常发生暂时的菌血症和内毒素血症。常见于幼狐、貂、貉。无论是否有胃肠道症状，都可出现体温降低，全身虚弱及休克死亡（图2–6–3）。

图2–6–3 沙门氏杆菌病，死亡的狐狸

3. 在配种期和妊娠期发生本病时，母兽可大批空怀和流产出生仔兽在10天内大批死亡，死前仔兽呻吟或抽搐，发病2～3天死亡（图2–6–4，图2–6–5）。

图 2-6-4　沙门氏杆菌病，流产

图 2-6-5　沙门氏杆菌病，流产

（三）病理变化　尸体消瘦，可视黏膜苍白或呈蓝紫色。胃黏膜水肿、淤血和出血，内容物呈焦油状，肠管黏膜严重出血（图 2–6–6，图 2–6–7）。急性型：肝脏有弥漫性出血（图 2–6–8）。亚急性和慢性型：肝脏呈不均匀的土黄色，胆囊肿大（图 2–6–9），脾脏肿大 2～3 倍，被膜紧张，脾脏脆弱，呈黑红色或暗褐色（图 2–6–10，图 2–6–11），被膜下出血，切面多汁呈红色。肠系膜淋巴结肿大，柔软，呈灰色或灰红色，切面多汁。肾脏稍肿大，被膜下常见点状出血（图 2–6–12）。脑实质水肿，侧脑室具有大量液体。妊娠期患病的母兽因流产引起死亡（图 2–6–13，图 2–6–14）。

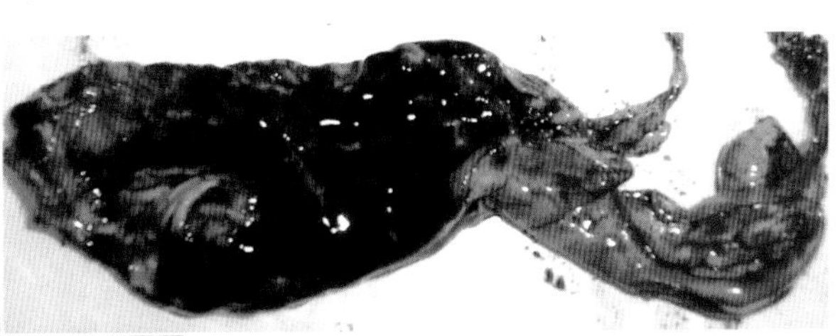

图 2–6–6　沙门氏杆菌病，水貂胃黏膜出血，内容物呈焦油状

图 2–6–7　沙门氏杆菌病，水貂肠管严重出血

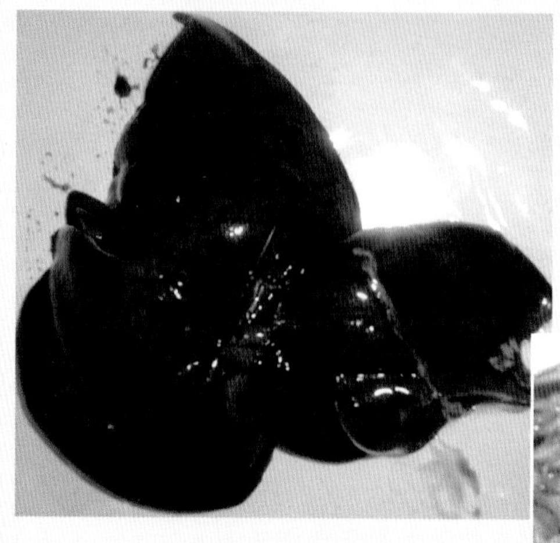

图2–6–8　沙门氏杆菌病，水貂肝脏呈黑红色

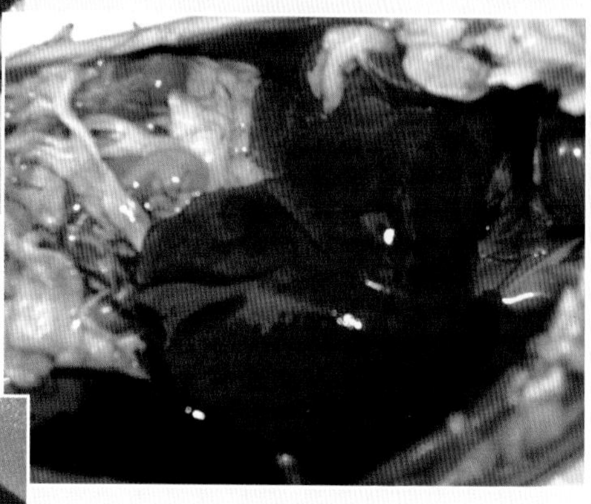

图 2–6–9　沙门氏杆菌病，水貂亚急性型肝脏呈红黄色

图2–6–10　沙门氏杆菌病，水貂脾肿胀2～3倍

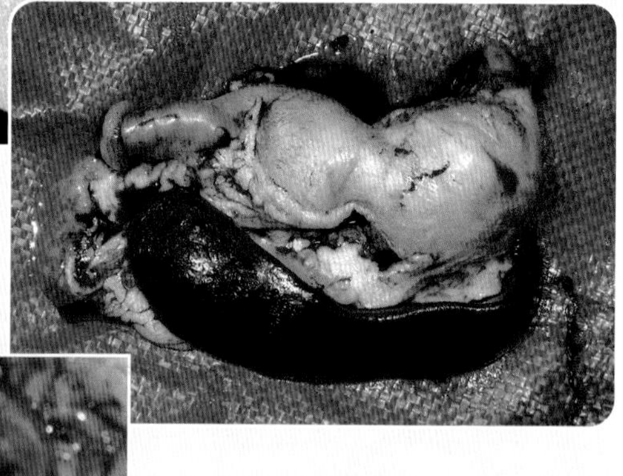

图2–6–11　沙门氏杆菌病，水貂脾脏肿大

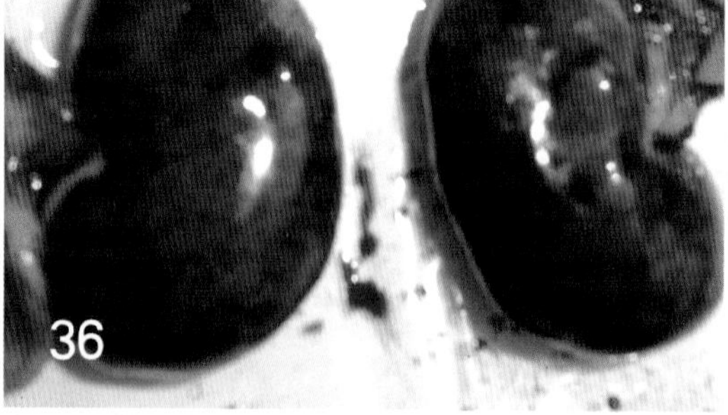

图2–6–12　沙门氏杆菌病，肾脏肿胀、出血

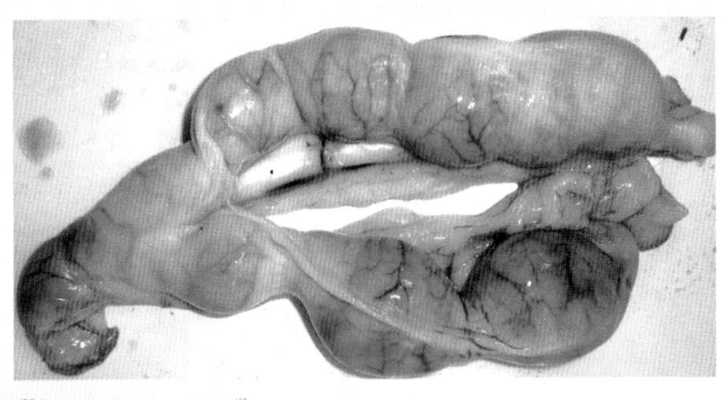

图 2–6–13　沙门氏杆菌病，妊娠中期貉的子宫

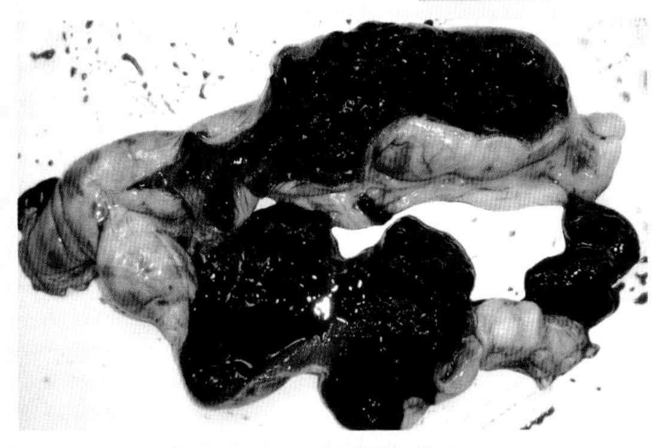

图2–6–14　沙门氏杆菌病，子宫内胎儿坏死呈黑红色

（四）诊断　根据病史和临床症状都可怀疑是沙门氏杆菌病。确诊需做病原菌的分离培养和鉴定是沙门氏杆菌病诊断最可靠的方法。

（五）防治

1. 治疗　首先隔离病兽进行消毒，加强饲养管理，给予易消化的粥状饲料。抗生素是常用的治疗方法。氟苯尼考50毫克/千克体重，内服，每日2次，连用4～6天；磺胺甲基异噁唑或磺胺嘧啶，100毫克/千克体重，甲氧苄氨嘧啶，0.004～0.008克/千克体重，分2次内服，连用1周。也可用大蒜5～25克捣成蒜泥内服，或制成大蒜酊内服，每日3次，连服3～4天。对全群健康动物用磺胺5甲氧嘧啶50毫克/千克体重，甲氧苄胺嘧啶10毫克/千克体重拌料，可有效预防本病的发生。

2. 预防措施

第一，消除病原体的来源，禁喂具有传染性的肉、蛋、乳类等；严格控制耐过副伤寒的带菌毛皮动物或病犬进入饲养场，注意灭鼠灭蝇。

第二，将病的或疑似患病的动物隔离观察和治疗。指派专人管理，禁止管理病狐、貂、貉的人员进入安全饲养群中。

第三，病死兽尸体要深埋或烧掉，以防人受感染。

七、阴道加德纳氏菌病

阴道加德纳氏菌病是由阴道加德纳氏菌引起的以空怀、流产为主要临床特征的毛皮动物疾病。

（一）病原及流行特点 本菌为革兰氏染色阳性菌，不同年龄、不同品种的狐狸均可感染，最易感的为银黑狐和北极狐。病狐狸是主要传染源，传播途径主要经生殖道接触传染。

（二）症状 母狐狸表现为阴道炎、子宫颈炎、子宫内膜炎，可导致母狐空怀，已怀孕的母狐狸在妊娠后35～45天出现流产（图2–7–1）及妊娠后期胚胎死亡（图2–7–2）。公狐狸经与母狐狸交配后也可感染该病，发生包皮炎、前列腺炎、睾丸炎，使公狐狸性欲降低、死精和精子畸形等。

图2–7–1 加德纳氏菌病，狐狸妊娠45天因加德纳氏菌感染发生流产

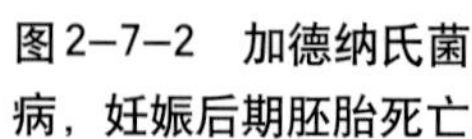

图2–7–2 加德纳氏菌病，妊娠后期胚胎死亡

（三）病理变化 发病的母狐狸阴道黏膜充血肿胀，子宫颈糜烂、子宫内膜水肿或子宫黏膜脱落（图2–7–3）。公狐狸常发生包皮肿胀和前列腺肿胀。

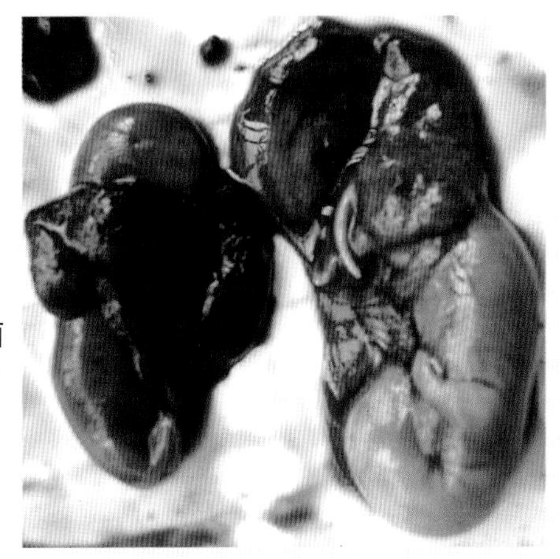

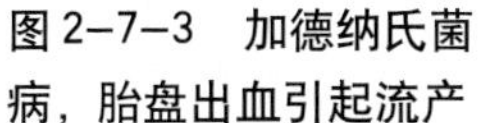

图2–7–3 加德纳氏菌病，胎盘出血引起流产

（四）诊断 根据空怀、流产等临床症状可初步进行诊断，确诊需对可疑病狐进行实验室检查。用阴道分泌物或流产的胎儿、胎盘进行细菌学检验和血清学诊断。

（五）防治

第一，每年2次对全群公、母狐进行加德纳氏菌的预防接种，保护期为6个月。

第二，对发病的狐狸进行隔离饲养至冬至取皮。

第三，有种用价值的狐狸隔离饲养和药物治疗，可用氨苄青霉素、庆大霉素、氟苯尼考、环丙沙星等抗生素进行治疗4～6天，与此同时对病狐狸污染的笼舍、地面要彻底消毒。

为了防止配种时引起感染，每次配种时，对每只母狐狸肌内注射拜优利1毫升，可有效减少因子宫内感染加德纳氏菌引起的空怀与流产。

八、链球菌病

本病是由溶血性链球菌引起的毛皮动物一种急性败血性败血

症或以下痢为特征的传染病。

（一）病原及流行特点 病原为C型链球菌所引起，革兰氏染色阳性，在病料中单个、成对或短链排列，极少呈长链（图2-8-1）。在毛皮动物上呼吸道中都存在致病性链球菌，发病的动物和带菌动物是主要传染源。病菌随分泌物、排泄物排出体外。当饲养管理不当、气候骤变、拥挤闷热、营养不良、长途运输等不良应激因素存在，致使抵抗力下降，可促使本病的发生。本病2007年春季，某毛皮动物养殖场中貉发生链球菌病的感染，引起大批动物发病，经实验室诊断确诊为链球菌病。

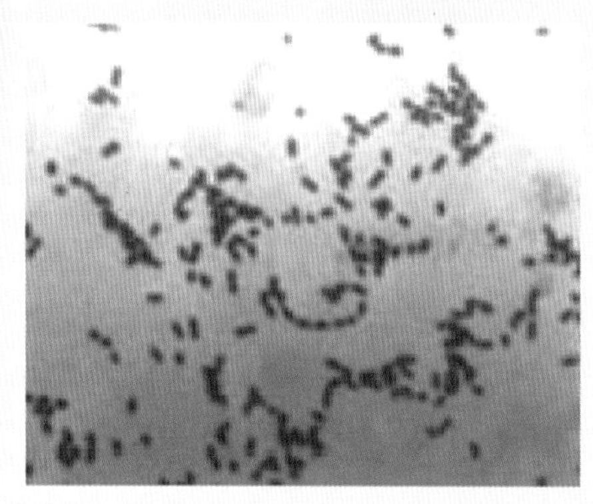

图2-8-1 链球菌，革兰氏染色阳性

（二）症状 患病动物表现为食欲减退，严重的拒食，精神沉郁、体温升高、鼻端干燥（图2-8-2），呼吸快，咳嗽，有浆液性鼻汁。时有腹泻，粪呈绿色、黄色，发病动物在发情季节不发情。

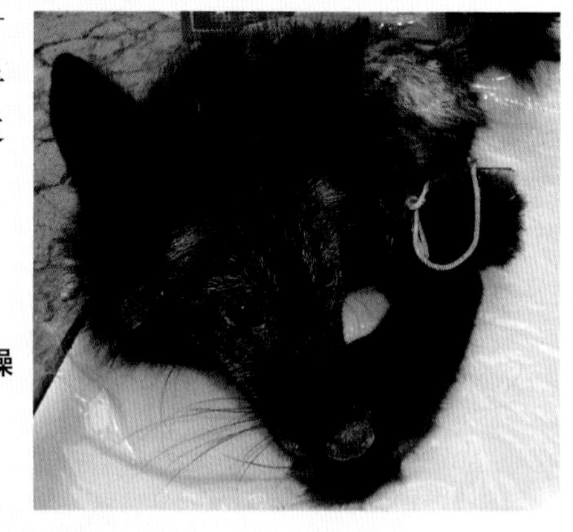

图2-8-2 链球菌病，狐鼻端干燥

（三）病理变化 发病动物剖检，主要病理变化为肺脏弥漫性出血，有大的出血斑（图2-8-3），脾脏肿大2～3倍，有出血斑（图 2-8-4）（图 2-8-5），胃黏膜弥漫性出血（图 2-8-6），肠管出血（图 2-8-7），肝脏肿胀、出血呈黑红色，边缘有锯齿状缺口（图 2-8-8）。

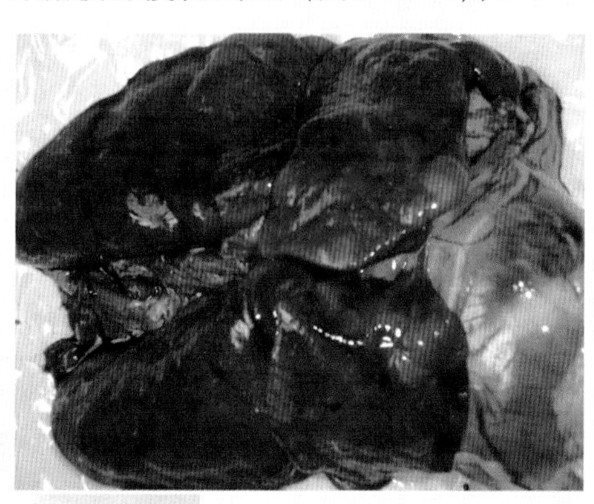

图 2-8-3　链球菌病，肺大面积出血

图 2-8-4　链球菌病，脾肿大 2～3倍

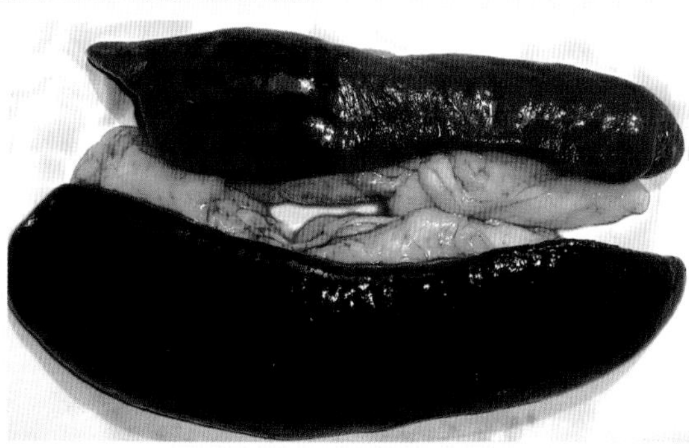

图2-8-5　链球菌病，脾脏肿大有出血斑

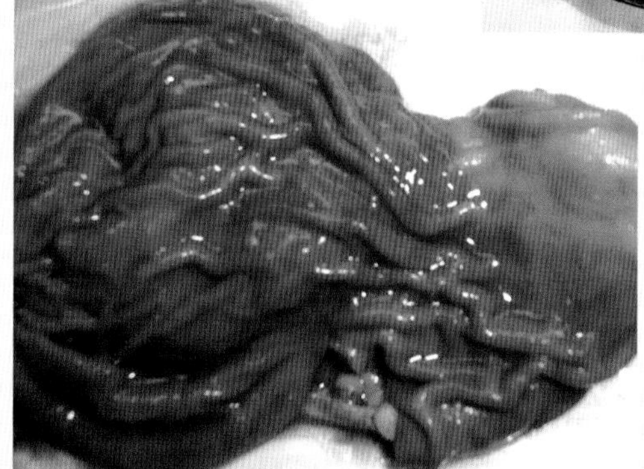

图2-8-6　链球菌病，胃黏膜弥漫性出血

图2-8-7 链球菌病，肠管出血

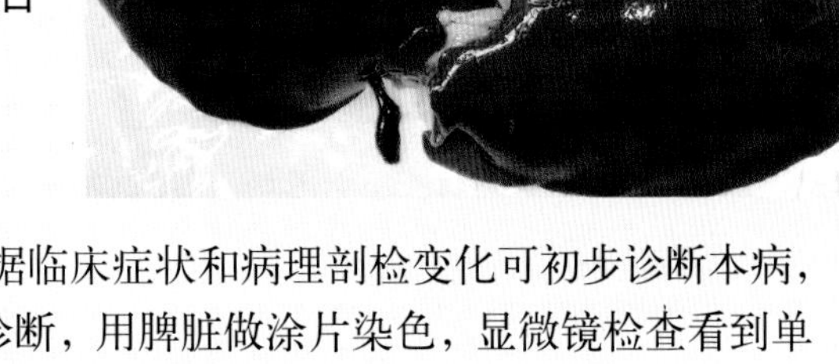

图2-8-8 链球菌病，肝肿大出血，边缘有缺口

（四）诊断 根据临床症状和病理剖检变化可初步诊断本病，确诊需进行实验室诊断，用脾脏做涂片染色，显微镜检查看到单个或成对的短链排列、革兰氏染色阳性的杆菌，即可确诊。

（五）防治 对发病动物立即隔离，对发病动物污染的环境进行消毒，对死亡的动物应当深埋。

全群预防性投药：头孢噻肟钠7～10毫克/千克体重，拌料，每天饲喂3次，连喂5～6天；环丙沙星或诺氟沙星（氟哌酸）7～10毫克/千克体重，拌料，每天饲喂2次，连喂5～6天。发病动物：用头孢噻肟钠（先锋1）20～30毫克/千克体重，肌内注射，1天2次，连用4～5天；环丙沙星注射液20～30毫克/千克体重，肌内注射，1天2次，连用4～5天。

九、肺炎球菌病

本病是由肺炎球菌引起的，以肺炎为特征的呼吸道传染病，可经胃肠道、呼吸道或胎盘传染。

（一）病原与流行特点 病原为肺炎球菌，为链球菌属的成员之一。抵抗力不强，许多药物如5%石炭酸溶液、0.1%升汞溶液，0.01%高锰酸钾溶液等很快使本菌死亡。

本病以貉发病率高，无明显季节性，但以秋末冬初或初春发病率高、病死率也高。肺炎球菌为毛皮动物上呼吸道内的常在菌，当抵抗力下降时，可发生内源性感染。此外，还可通过空气传播而发生外源性感染。

（二）症状 发病动物表现为精神沉郁，食欲减退，体温升高，咳嗽，流出浆液性或脓性鼻涕。有的鼻端发干。在发情期的公、母貉均不发情。呈败血症经过者可能观察不到任何临床症状而突然死亡。

（三）病理变化 剖检发病的或病死的动物，病理变化主要在呼吸道。肺部有大理石样花纹，有的有出血斑（图2–9–1），有的肺部有大片出血斑（图2–9–2），脾脏肿大1～2倍（图2–9–3）。

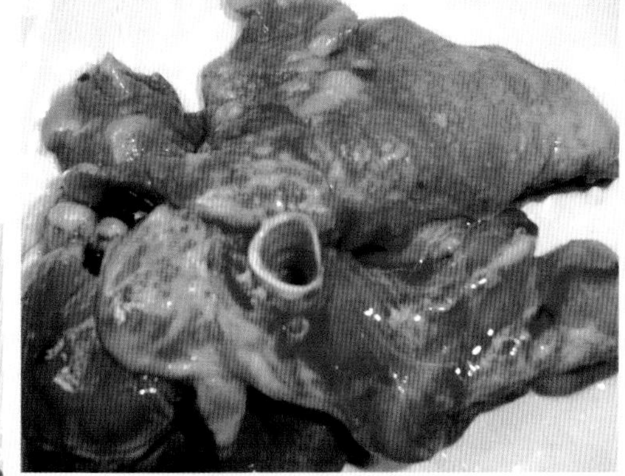
图2–9–1 肺炎球菌感染，肺呈大理石样花纹

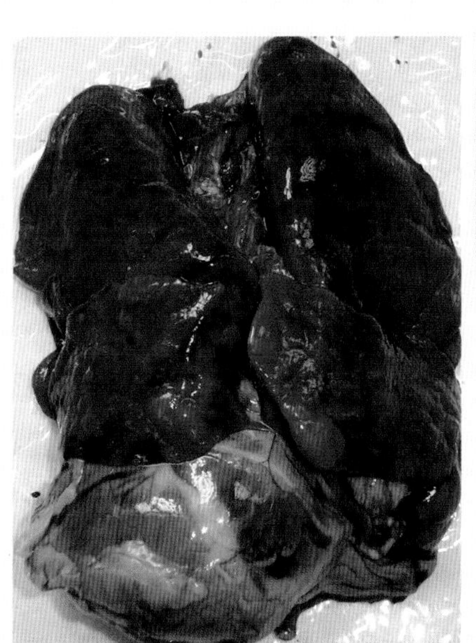
图2–9–2 肺炎球菌感染，肺大面积出血斑

图 2–9–3　肺炎球菌感染，脾肿大

（四）诊断　根据临床症状和病理变化可初步诊断，确诊需依赖于实验室检验。采集病兽肺组织涂片，革兰氏染色，可见呈矛头形、多为成对排列的革兰氏阳性细菌，有时单个散在或呈短链状。必要时做细菌分离培养鉴定。

（五）防治　首先隔离发病动物，并对病兽污染的环境进行彻底消毒。对全群动物用头孢氨苄，剂量20～30毫克/千克体重，拌料饲喂，1天喂2～3次，连用5～7天。还可用头孢噻肟、环丙沙星、诺氟沙星等药物拌料投服。

对发病动物可用头孢氨苄，肌内注射，剂量为15～20毫克/千克体重，1天2次肌内注射，连用4～5天。

十、支原体肺炎

本病是由支原体引起的一种高度接触性传染病。

（一）病原及流行特点　病原为支原体属的成员，多形态微生物，革兰氏染色阴性。带菌的病兽是本病的传染源，也可通过乳汁感染。

本病以狐狸发病较高，多在夏末秋初流行，当并发合并感染时，死亡率较高。

（二）症状　潜伏期5～6天，个别达到2周以上，根据临床症状可分为急性型和慢性型。

1. 急性型　病狐初期精神不振，伏卧笼中（图2–10–1）。呼吸加快，每分钟80～

图2–10–1　支原体肺炎，精神不振伏卧于笼中

120次，继而出现呼吸困难，呈现张口呼吸（图2–10–2）。有明显的咳嗽症状。若继发其他细菌感染，体温可高达40℃以上。病程一般7～14天，病死率15%～20%。

图2–10–2　支原体肺炎，呼吸困难，张口呼吸

2. **慢性型**　由急性转为慢性，病狐身体虚弱、咳嗽、被毛蓬乱无光。易在某些应激因素作用下出现并发症而死亡。

（三）病理变化　病理变化主要在肺脏，肺大面积呈肉样实变（图2–10–3，图2–10–4）。心脏肥大扩张（2–10–5），肾脏有出血斑（图2–10–6）。

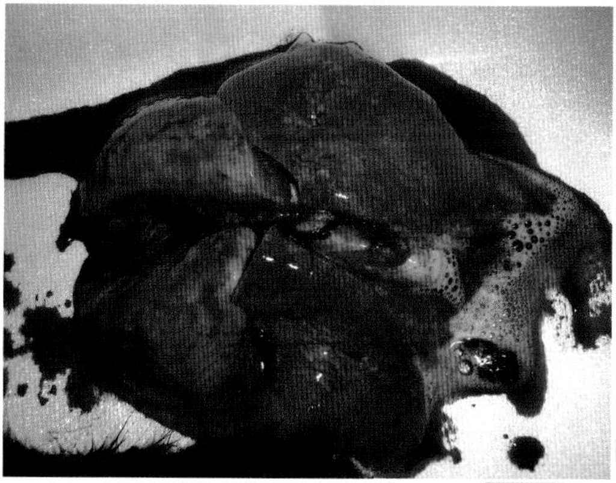

图2–10–3　支原体肺炎，肺脏大面积肉样改变，失去换气功能

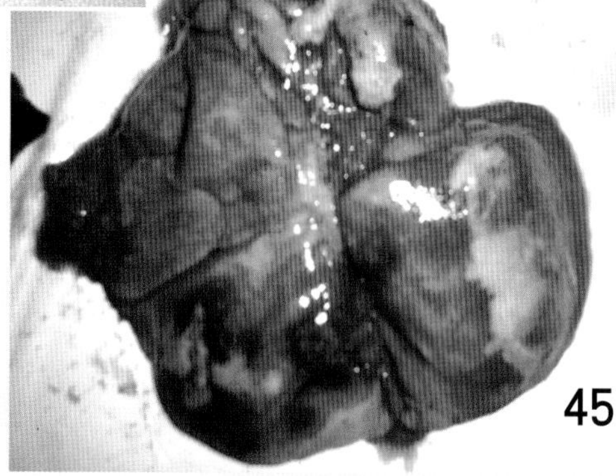

图2–10–4　支原体肺炎，继发感染肺化脓

图2-10-5　支原体肺炎，心肌代偿性肥大

图2-10-6　支原体肺炎，肾脏出血斑

（四）诊断　根据临床症状和流行特点以及病理变化可初步作出诊断，确诊需进行病原鉴定和血清学试验。

（五）防治　对发病狐狸进行隔离，可用卡那霉素3万～4万单位／千克体重，肌内注射，每天1次，连用6天，对污染的环境进行消毒处理。

对未发病的可预防性全群投药：磺胺6甲氧嘧啶50～100毫克／千克体重，三甲氧苄啶10毫克／千克体重，泰乐菌素15毫克／千克体重拌料。1天2次，连喂5～6天。

十一、葡萄球菌病

本病由金黄色葡萄球菌感染引起，常发生于哺乳期的幼仔。

（一）病原及流行特点　病原为金黄色葡萄球菌，为革兰氏阳性球菌，常呈葡萄串状排列(图2-11-1)，

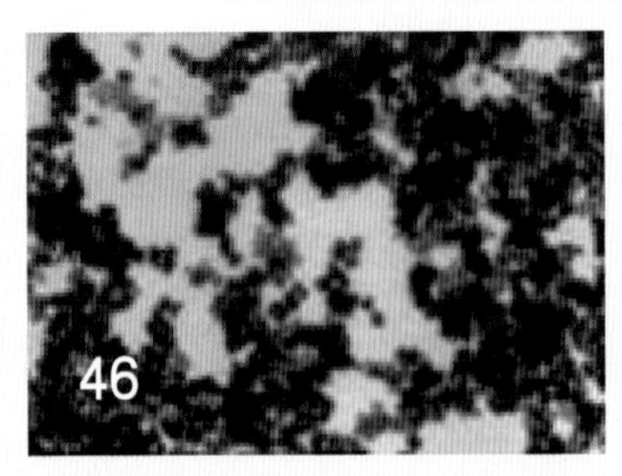

图2-11-1　葡萄球菌，革兰氏染色阳性

多因产仔室潮湿和未进行消毒引起。1 周龄以内的仔兽易发，可通过消化道和呼吸道传播，仔兽脐带感染也是常见发病原因。

（二）症状

1. 急性败血型 仔兽表现精神沉郁，吃奶下降，在两后肢及股内侧、头颈部皮肤上出现数个化脓性病灶（图 2–11–2，图 2–11–3），破溃后有茶色或暗红色渗出液及结痂，处理不当常导致死亡（图 2–11–4）。

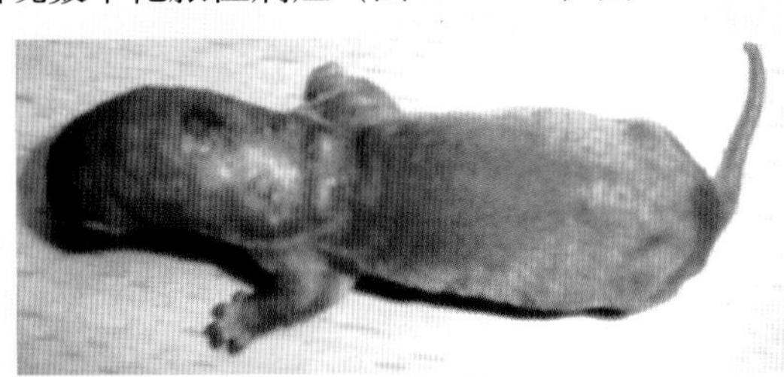

图 2–11–2　葡萄球菌病，头颈部皮肤化脓病灶

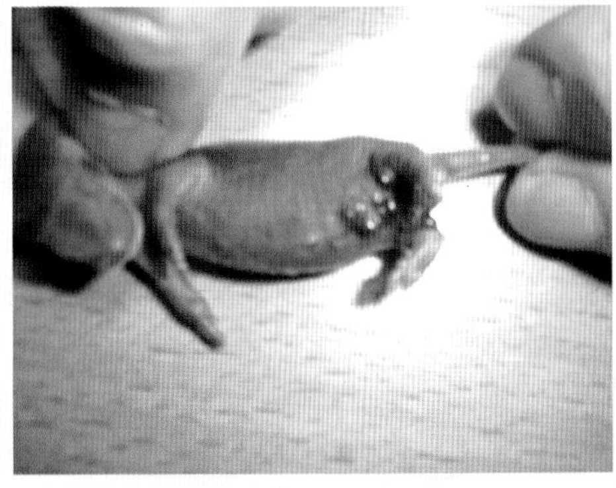

图 2–11–3　葡萄球菌病，腹部皮肤上的病灶

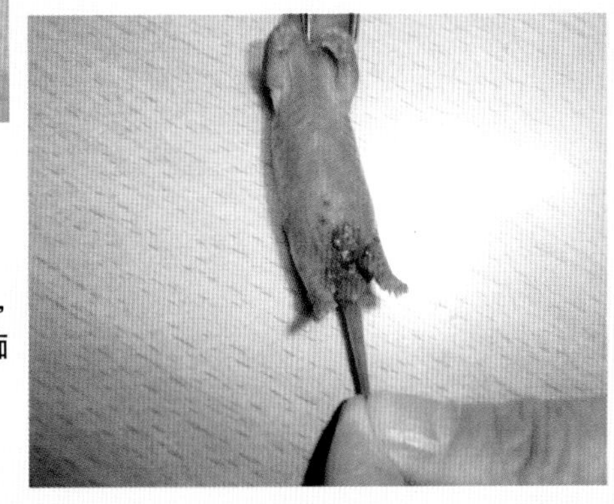

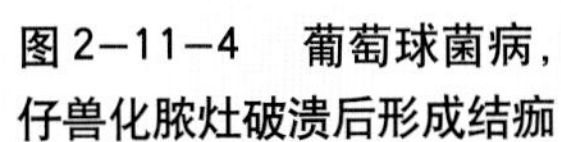

图 2–11–4　葡萄球菌病，仔兽化脓灶破溃后形成结痂

2. 脐炎型 脐部肿大，有脓性分泌物，黄红色或紫黑色。

3. 肺型 主要表现为明显的全身症状和呼吸障碍，有的与败血型混合感染。

（三）诊断 根据仔兽皮肤上化脓病灶的症状，一般即可作出诊断。必要时做细菌分离培养。

（四）防治 产前做好产仔室及笼舍的消毒，一旦发病立即用0.3%的过氧乙酸消毒产仔室和笼舍。对已发病的仔兽可用碘伏消毒病灶，当化脓灶成熟后用消毒针头排出脓汁，并用生理盐水冲洗，再用土霉素或红霉素软膏局部涂敷。为防止感染扩大，可用青霉素、庆大霉素肌内注射。

第三章　寄生虫病

一、蛔虫病

蛔虫病是由犬蛔虫和狮蛔虫（图 3–1–1）寄生于狐、貂、貉的小肠和胃内引起的，主要危害幼狐、貂、貉，影响生长和发育，严重感染时也可导致死亡。1～3 月龄的幼狐、貂、貉最易感染。

图3–1–1　狐蛔虫
1，2．犬弓首蛔虫
3，4．狮蛔虫

（一）病原及流行病学　犬蛔虫呈淡黄白色，体稍弯于前腹面。雄虫长 50～110 毫米，尾端弯曲；雌虫长 90～180 毫米，尾端伸直。

犬蛔虫的虫卵随粪便排出体外，在适宜条件下，约经 5 天发育为感染性虫卵。经口感染后至肠内孵出幼虫，幼虫进入肠壁血管而随血行到肺，沿支气管、气管而到口腔，再次被咽下，到小肠内发育为成虫。有一部分幼虫移行到肺以后，经毛细血管而入体循环，随血流被带到其他脏器和组织内形成包囊，并在其内生长，但不能发育至成熟期。如被其他肉食兽吞食，仍可发育成为成虫。犬蛔虫还可经胎盘感染给胎儿，幼虫存在于胎血内，当仔狐、貉、貂出生 2 日后，幼虫经肠壁血管钻入肠腔内，并发育成为成虫。

狮蛔虫虫体呈淡黄白色，体稍弯于背面。雄虫长35～60毫米，雌虫长30～100毫米。狮蛔虫虫卵在适宜外界环境（30℃）经3日即可达到感染期，被宿主吞食后，幼虫钻入肠壁发育后又回到肠腔，经3～4周发育为成虫。

蛔虫生活史简单，繁殖力强，虫卵对外界因素有很强的抵抗力，所以蛔虫病流行甚广。毛皮动物常因采食了被蛔虫卵污染的食物或饮水而得病（图3–1–2）。

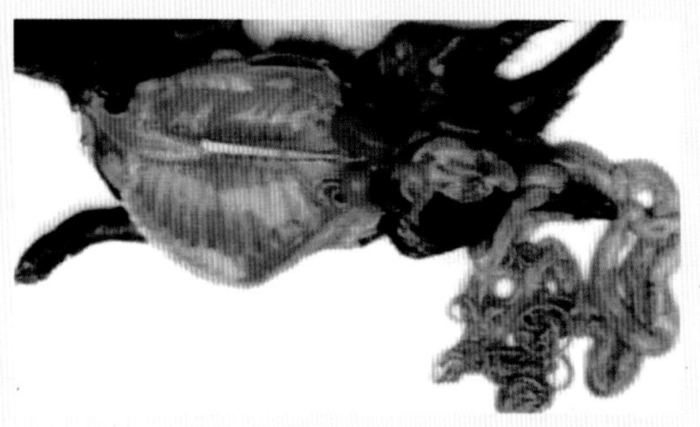

图3–1–2 蛔虫病，死亡狐肠道内的蛔虫

（二）症状 感染的幼狐、幼貉、幼貂渐进性消瘦，被毛粗糙无光，黏膜苍白，食欲不振，呕吐，异嗜，先下痢而后便秘，当蛔虫阻塞肠道后可引起排粪困难与腹痛。当蛔虫经十二指肠的胆总管开口逆行入胆囊后，可引起胆总管阻塞，体温升高，形成胆囊炎和腹痛，如不及时治疗，可引起死亡（图3–1–3）。偶见有癫痫性痉挛。幼兽腹部膨大，发育迟缓。

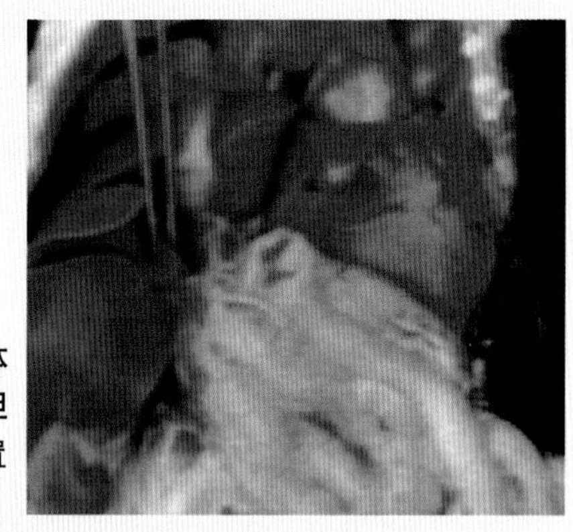

图3–1–3 胆囊蛔虫，虫体一端在胆囊内，另一端在胆总管内，镊子指向虫体位置

（三）诊断 感染蛔虫严重时，其呕吐物和粪便中常排出蛔虫，即可确定该病。还可进行粪便虫卵检查，常采用直接涂片法和饱和盐水浮集法。如感染强度大，用直接涂片就可发现虫卵。

（四）防治

1. 治疗　对狐、貉、貂蛔虫病可应用下列药物驱虫。①驱蛔灵（枸橼酸哌哔嗪），剂量为100毫克／千克体重，口服，对成虫有效；而按200毫克／千克体重口服，则可驱除1～2周龄幼兽体内的未成熟虫体。②左旋咪唑，剂量为10毫克／千克体重，口服。③噻苯咪唑，剂量为50毫克／千克体重，口服。④丙硫苯咪唑（抗蠕敏）：剂量为10毫克／千克体重，口服，每天1次，连用2天。

上述药品在投服前，一般先禁食8～10小时，投药后不再投服泻剂，必要时可在2周后重复用药。在投服驱虫药前应检查动物的肠蠕动，如果肠内蛔虫很多而肠处于麻痹状态时，投药后往往发生蛔虫性肠梗阻而导致病狐死亡。

广谱驱虫药伊维菌素，剂量0.2毫克／千克体重，皮下注射，驱虫率达到95%～100%。另外，阿维菌素、害获灭、通灭也可有效驱除蛔虫。

2. 预防　笼下粪便应每天清扫，应定期用火焰（喷灯）或开水浇烫兽笼，以杀死虫卵。幼狐、貉、貂在25～30日龄驱虫1次，以后每月粪便虫卵检查1次，成年动物每3个月检查1次，发现虫卵就要驱虫。

二、绦虫病

绦虫是毛皮动物的常见寄生虫病。寄生于小肠内的绦虫种类很多，其中最常见的为复孔绦虫，其他还有豆状带绦虫、多头绦虫、连节绦虫、细粒棘球绦虫、中线绦虫、孟氏迭宫绦虫和阔节裂头绦虫等。复孔绦虫以犬蚤、人蚤和犬虱为中间宿主，人与狐可共患该病。阔节裂头绦虫的中间宿主是鱼和多种低脊椎动物，吃了中间宿主而被感染。

（一）病原及流行病学　绦虫是背腹扁平、左右对称，呈白色或乳白色、不透明的带状虫体。大多分节，极少不分节，但其内部结构为纵列的多套生殖器官。绦虫为雌雄同体，个别有雌雄异体的（图 3–2–1）。

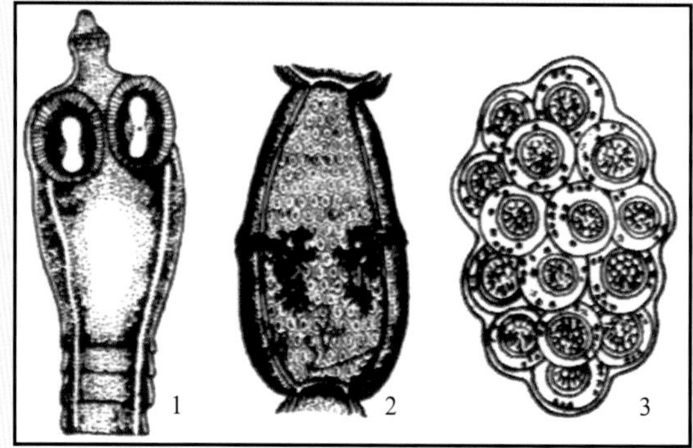

图3–2–1　复孔绦虫的头节、孕卵节及卵囊

1．头节　2．孕卵节
3．卵囊

虫体由头节、颈节与许多体节连接而成。体节的数目由几个到几千个不等。绦虫的长度由数毫米以至数米不等，头节细小，呈球形或梭形，其上有不同形状和数量的固着器官，颈节是在头节之后更细而短的不分节的部分，链体的节片即由此向后芽生出来，而后向虫体后部发育成长，以至形成整个链体。体节是颈部向后连续长出来的，一般呈四边形，由于种类不同，有的长大于宽，有的宽大于长。成熟的孕卵体节自链体脱落或裂解，随宿主粪便排出体外。孕卵体节破裂后，虫卵散出，被蚤类幼虫食入，待蚤幼虫经肾蜕化为成虫时，在蚤体内发育成为似囊尾蚴。蚤被毛皮动物咬食而感染绦虫病，囊尾蚴 3 周后发育为成虫。

（二）症状　绦虫寄生于肠管内，以其小钩和吸盘损伤宿主的肠黏膜，引起炎症（图 3–2–2）；虫体吸取营养，使宿主生长发育发生障碍；虫体聚集成团，可堵塞肠腔甚至引起肠破裂；虫体分泌毒素作用于血液和神经系统，引起强烈兴奋（假性狂犬病），呈癫痫样发作。轻度感染时，可不呈现临床症状；重症感

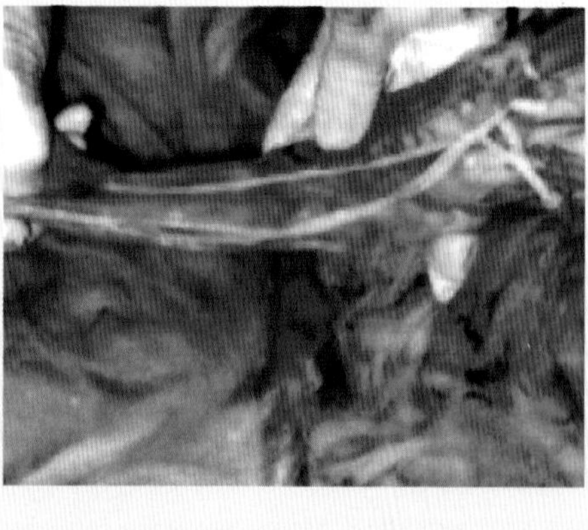

图 3–2–2　狐小肠内绦虫

染时，主要呈现呕吐，慢性肠卡他，食欲反常（贪食，异嗜），消瘦，容易激动或精神沉郁；由于瘙痒而以鼻端和肛门在地面上摩擦；有的呈现假性狂犬病症状，发生痉挛，或四肢麻痹。严重感染时，会引起慢性肠炎、腹泻、呕吐、消化不良，有时腹泻和便秘交替发生，呈现贫血或高度衰弱。

（三）诊断　用饱和盐水浮集法检查粪便内的虫卵或卵囊（卵袋）。日常注意观察动物的体况，一般患绦虫病的动物在其肛门口常夹着尚未落地的绦虫孕节或在排粪时排出较短的链体。链体呈白色，最小的如米粒，最大的链体节片长达9毫米左右。找到虫卵或发现绦虫孕节即可确诊。

（四）防治

1. 治疗　可选用下列药物进行治疗。①吡喹酮，口服剂量5～10毫克／千克体重；亦可按2.5～5毫克／千克体重皮下注射。②丙硫苯咪唑，20毫克／千克体重口服，具有高效杀虫作用。

2. 预防　养狐场每年在配种前3～4周内进行驱虫。不以肉类联合加工厂的废弃物，特别是未经高温煮熟的肉喂狐。捕捞的鱼虾不要给狐生食。应用倍硫磷药物杀灭狐舍和狐身体上的蚤和毛虱。大力防鼠灭鼠。在驱虫时，一定要收集排出的虫体粪便，彻底销毁，防止散布病原。

三、弓形虫病

本病是由龚地弓形虫引起人畜共患的细胞内寄生的一种原虫病，临床症状与犬瘟热相似。

（一）病原及流行特点　发育需5个不同阶段：滋养体（子胞子）、包囊、裂殖体、配子体和卵囊。前2个阶段在中间宿主各种动物体内，后3个阶段在终宿主猫体内。

1. 滋养体　在细胞内的虫体一端稍尖、另一端钝圆形（图3-3-1）。在1000倍显微镜下，滋养体呈梭形或香蕉形（图3-3-2）。

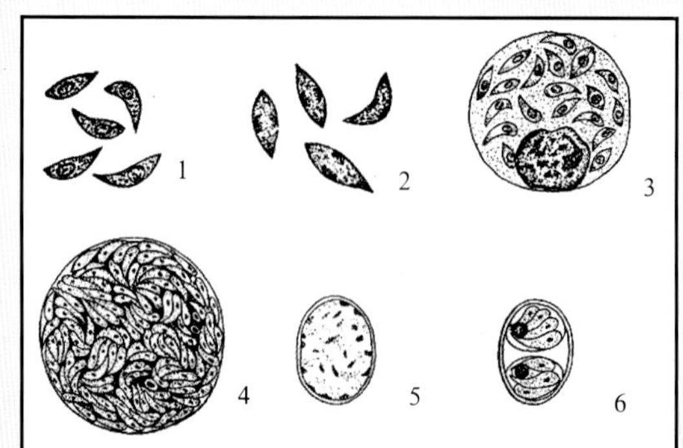

图 3–3–1 弓形虫

1. 游离的速裂子 2.分裂中的虫体 3.细胞内的虫体 4.包囊 5.刚排出的卵囊 6.成熟卵囊游离在细胞外的虫体呈弓形、新月形和香蕉形

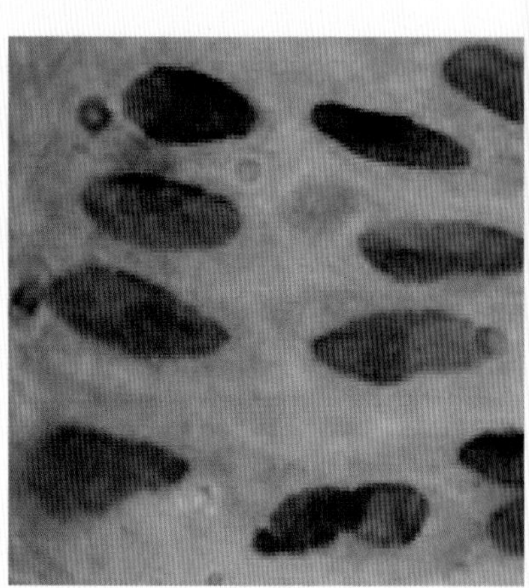

图 3–3–2 瑞氏染色，1000 倍下滋养体形态

2. 包囊　有厚的囊膜，直径 30～50 微米，囊内虫体数十到上千个，出现在慢性病过程中。滋养体不耐低温，经过一次冻融即可使虫体失活。包囊对低温有一定抵抗力，–14℃ 24 小时才使之失活，包囊在 50℃ 30 分钟才可杀死。

3. 裂殖体　在猫肠上皮细胞内进行无性繁殖。每个裂殖体内有 10～14 个扇形排列的裂殖子。

4. 配子体　在猫的肠上皮细胞内进行有性繁殖。分大小两种配子体，小配子体色淡，核疏松，大配子核致密，较小，含有着色明显的颗粒。

5. 卵囊　随猫粪排至外界，呈卵圆形有双层囊膜，卵囊内有 2 个椭圆形的孢子囊，每个孢子囊内有 4 个长弯曲的子孢子。卵囊在外界可存活 100 天，

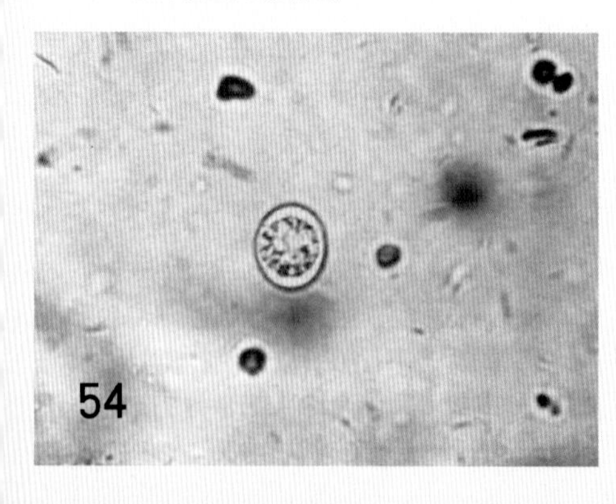

图 3–3–3 猫弓形虫孢子化卵囊

在潮湿土地上存活1年以上，不耐干燥，75℃即可杀死卵囊（图3—3—3，图3—3—4）。

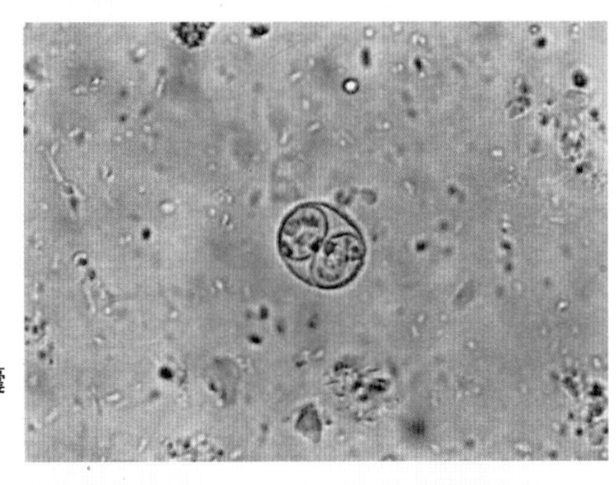

图3—3—4　猫弓形虫卵囊

猫是各种易感动物的主要传染源，其次还可经胎盘、皮肤、黏膜等途径感染。

（二）症　状

1. 急性型　常见于幼狐、幼貉、幼貂，成年动物也可发病死亡。体温40.5℃—42℃，呈稽留热，厌食或停止吃食，有的呕吐或腹泻。鼻端干燥无汗、眼角有分泌物，咳嗽，呼吸困难呈腹式呼吸。运动失调、后肢麻痹、有神经症状（图3—3—5），病的后期有视网膜炎、脉络膜炎、眼前房出血（图3—3—6，图3—3—7）。

图3—3—5　弓形虫病，神态异常阵发性兴奋

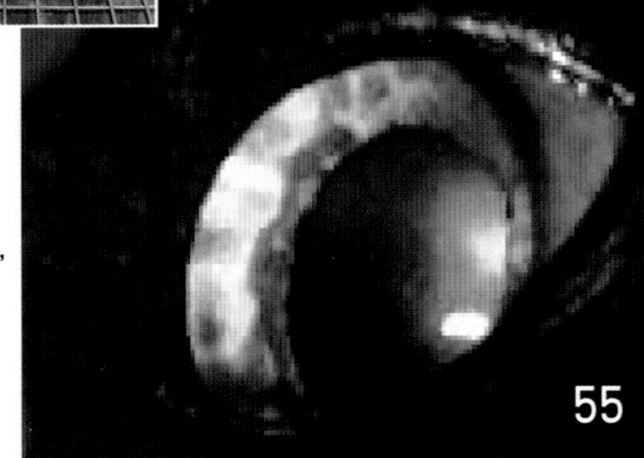

图3—3—6　弓形虫病，经久不愈的虹膜炎

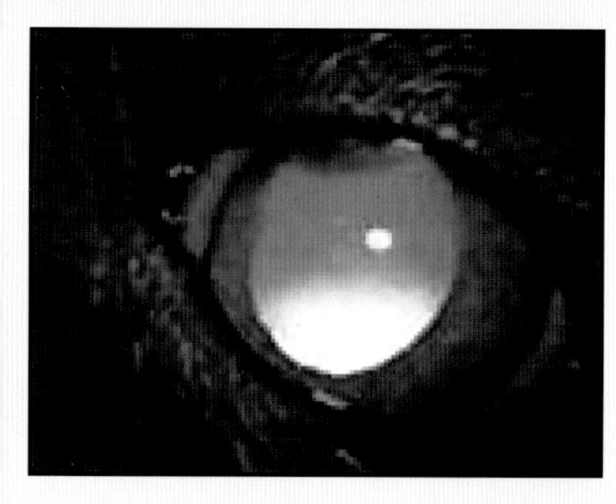

图3-3-7　弓形虫病，眼前房渗出及眼色素层炎

2. **慢性型**　生长迟缓，有的斜颈，运动失调，视力障碍。

（三）病理变化

1. **急性型变化**　外观消瘦、贫血（图3-3-8，图3-3-9），肝脏肿胀质脆（图3-3-10），胃肠道黏膜充血出血（图3-3-11）。

图3-3-8　弓形虫病，口舌苍白贫血

图3-3-9　弓形虫病，消瘦

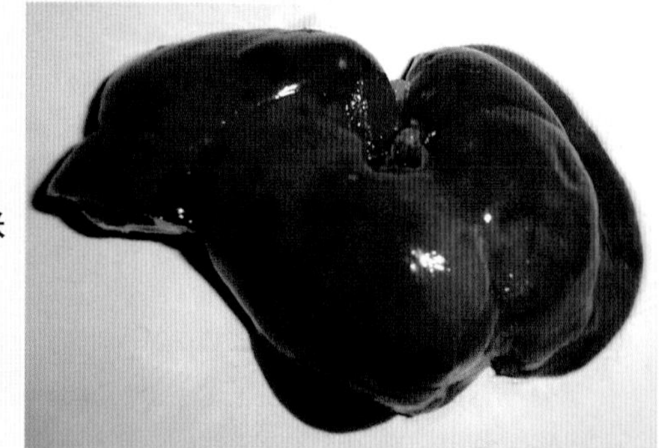

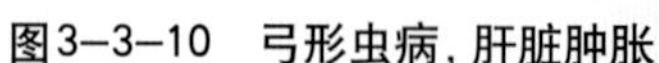

图3-3-10　弓形虫病，肝脏肿胀

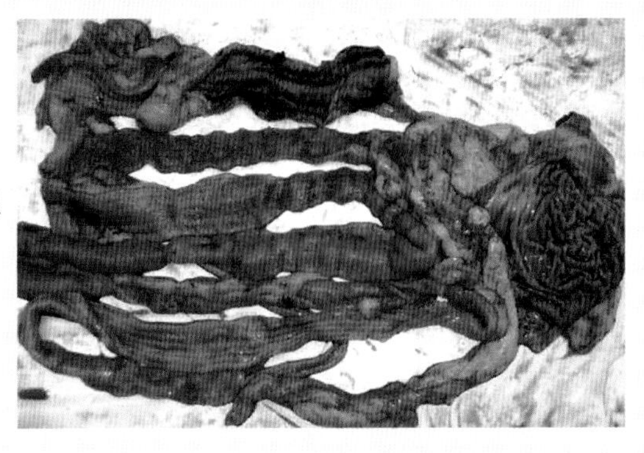

图 3–3–11 弓形虫病，胃肠黏膜出血

2. **慢性型变化** 生长迟缓（图 3–3–12），内脏器官贫血、水肿，如肺脏肿胀、水肿（图 3–3–13），肠贫血、水肿（图 3–3–14），肾脏苍白、水肿（图 3–3–15），脑膜下有轻度充血性变化（图 3–3–16）肠管呈皱褶状（图 3–3–17）。

图 3–3–12 慢性弓形虫病，生长迟缓

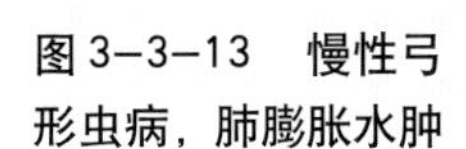

图 3–3–13 慢性弓形虫病，肺膨胀水肿

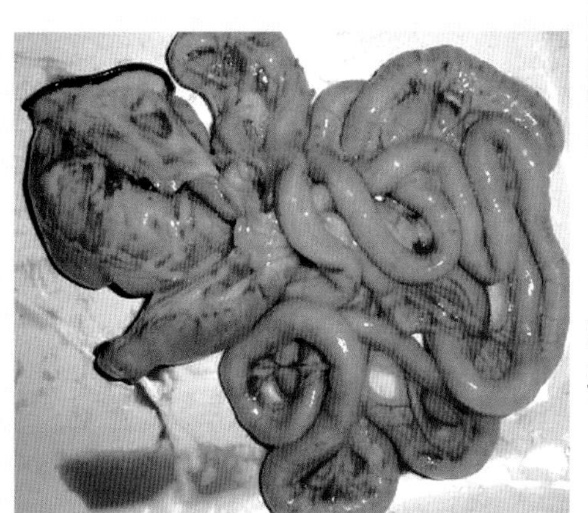

图3–3–14 慢性弓形虫病，肠管贫血、水肿

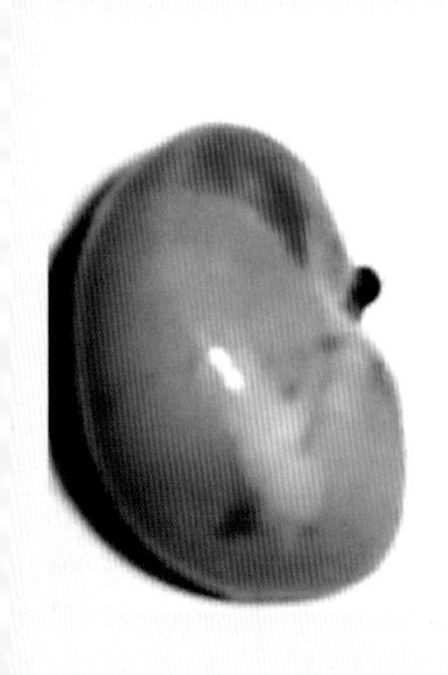
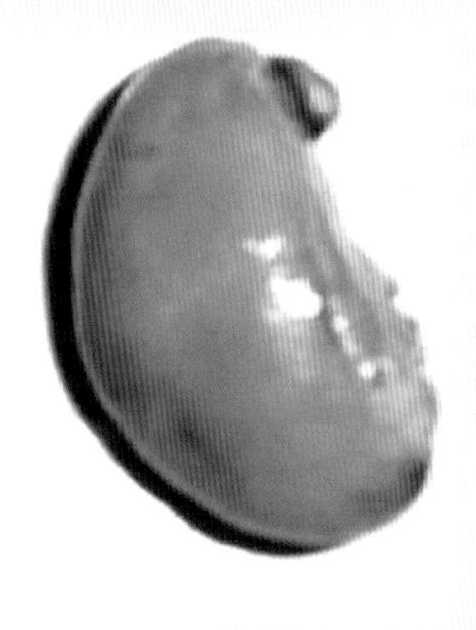

图 3-3-15　慢性弓形虫病，肾脏贫血

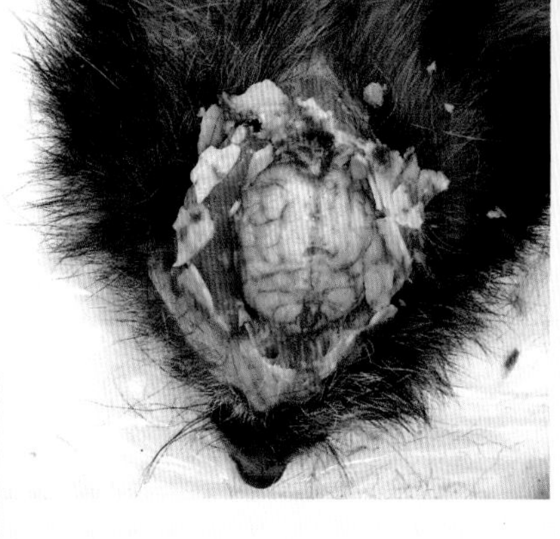

图 3-3-16　慢性弓形虫病，脑膜轻度充血

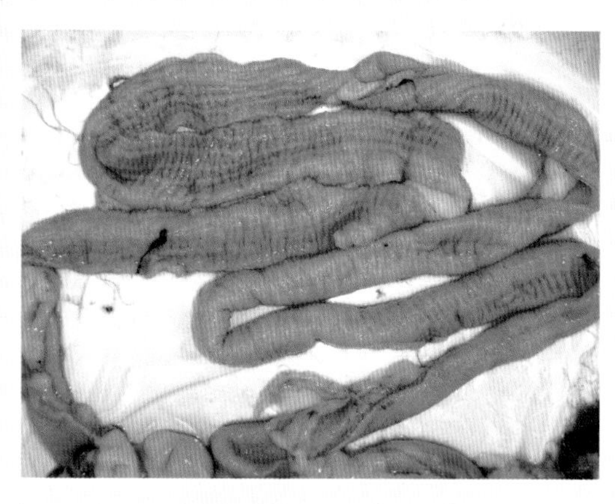

图3-3-17　慢性弓形虫病，肠管黏膜呈皱褶状

（四）诊断　根据流行特点、临床症状及病理变化可作出诊断，如要确诊，必须检出虫体方可。其方法是：将可疑病狐的尸体的肺组织做抹片或做触片，经瑞氏液染色后镜检，如发现滋养体即可确诊。

（五）防治

1、治疗　急性病例在治疗发病动物个体的同时，必须对全场动物群体进行预防性投药，全群投磺胺类药物，可有效控制该病的发生。常用处方如下：磺胺对甲氧嘧啶（SMD）20克，或磺胺间甲氧嘧啶（SMM）20克，三甲氧苄啶（TMP）5克，多维菌素10克，维生素C 10克，葡萄糖1 000克，小苏打150克，拌湿料50千克，每天喂2次，连喂5～6天。对已发病不吃食的动物用复方磺胺对甲氧嘧啶钠注射液50毫克/千克体重，肌内注射，1天2次，连用3～4天。

2. 预防　禁止猫进入养殖场，防止猫粪对饲料和饮水的污染。饲喂毛皮动物的鱼肉及动物内脏均应煮熟后饲喂。

四、瑟氏泰勒虫病

本病是由蜱传播的一种血液寄生虫病，引起动物发热、贫血、出血、衰竭、死亡。

（一）病原及流行特点　病原为瑟氏泰勒氏虫，呈地方性流行，发病季节5～10月份，高峰季节在6～7月份。蜱是传播媒介，是发病季节性强的、寄生于红细胞内的血液型虫体。寄生于网状内皮系统的称石榴型虫体（图3-4-1，图3-4-2）。

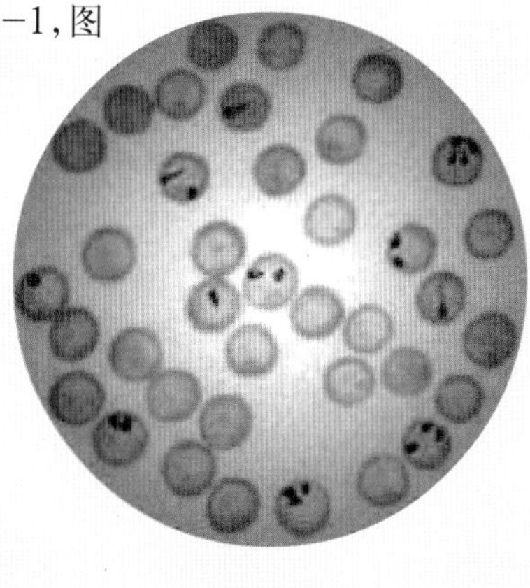

图3-4-1　血液型虫体

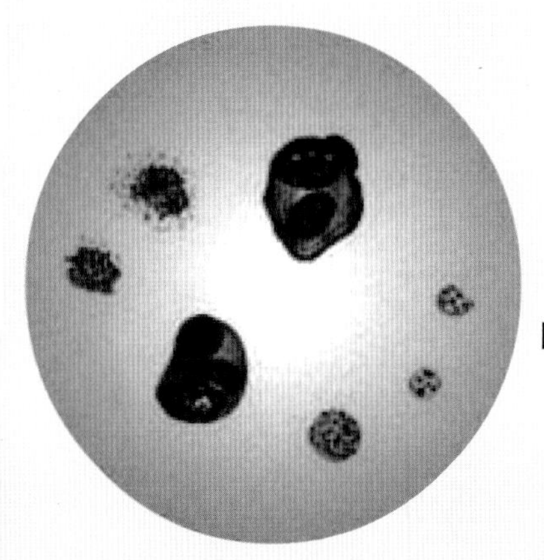

图3-4-2　“石榴体”

发育过程：3个阶段，即裂殖生殖、配子生殖、子胞子生殖。

（二）症　状

1. 急性型　体温升高到40.5℃～42℃，呈稽留热型，肩前、股前淋巴结肿大，眼结膜出血斑，呼吸快，每分钟100次以上，血液稀薄，四肢及会阴部水肿，尿液正常。病的后期衰竭、卧地不能起立。

2. 慢性型　仅仅带虫而不表现临床症状。

（三）诊断　血液涂片查找虫体，查红细胞，查石榴体。鉴别环形泰勒氏虫（图3–4–3）。根据虫体形态，环形泰勒氏虫为环形、圆形、椭圆形为主，可达70%～80%，也有杆形，但杆形体为数极少。瑟氏泰勒氏虫，杆形占70%～90%（图3–4–4）。病的不同阶段虫体形状比例有变化，发病初期杆形占60%～70%，发病高峰期杆形与梨籽形各占35%。红细胞的染虫率一般在10%～20%，重病达95%。

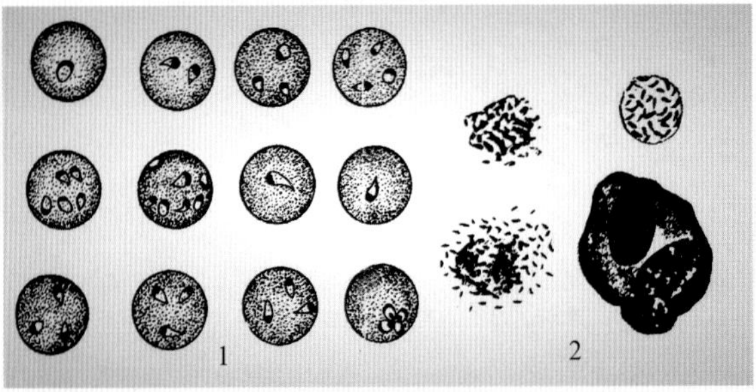

图3–4–3　红细胞内的环形泰勒氏虫

1. 血液型虫体　2.“石榴体”

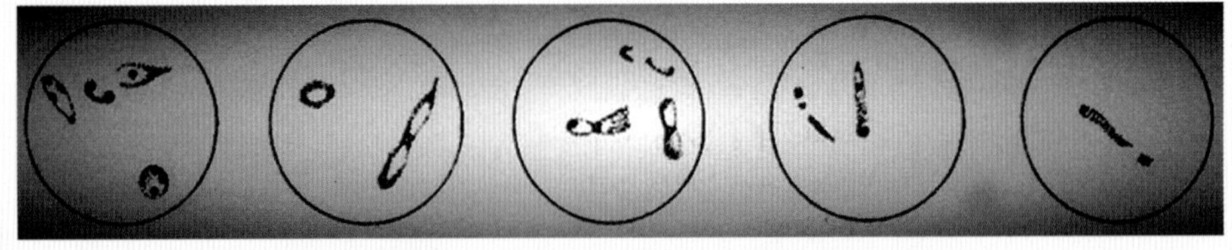

图3–4–4　红细胞内的瑟氏泰勒氏虫

（四）防治　瑟氏泰勒氏虫，首选药物是磷酸伯氨喹啉，用量为0.5～1.5毫克／千克体重，肌内注射，每天1次，用药3天，间隔2天，再用药2次。内服剂量2～2.5毫克／千克体重，每天口服1次，连服3天。

其他药物：贝尼尔、黄连素、咪唑苯脲，疗效较差。

五、附红细胞体病

附红细胞体病是人和多种动物的共患病，病原寄生在红细胞表面、血浆及骨髓中。病原为多形态、无细胞壁的原核生物，有人将其归为支原体。

（一）病原及流行特点　附红细胞体为附着在红细胞表面的多形态结构，在电镜下呈环形、圆形、盘形，无细胞器和细胞核图（3–5–1，图3–5–2，图3–5–3，图3–5–4）。

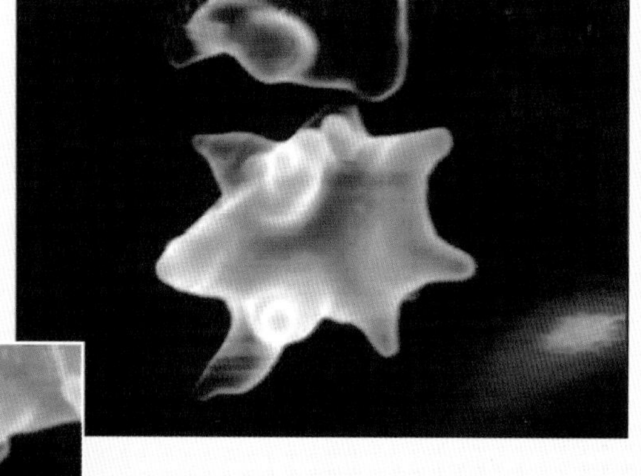

图3–5–1　附红细胞体附着在红细胞上，不进入红细胞内（扫描电镜×8000）

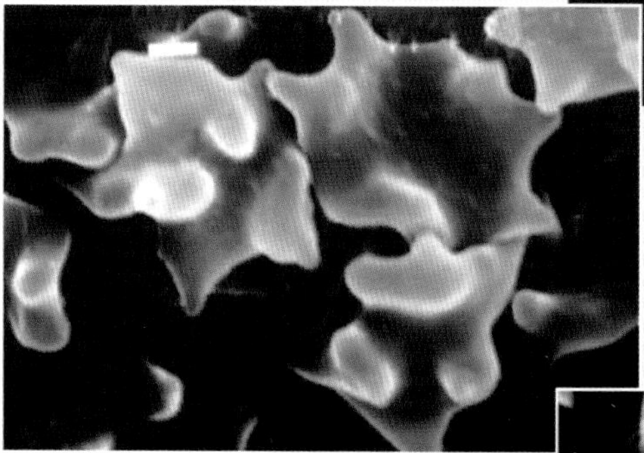

图3–5–2　单个或多个附红细胞体附着在红细胞上（扫描电镜×10000）

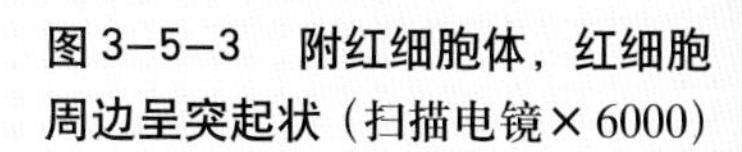

图3–5–3　附红细胞体，红细胞周边呈突起状（扫描电镜×6000）

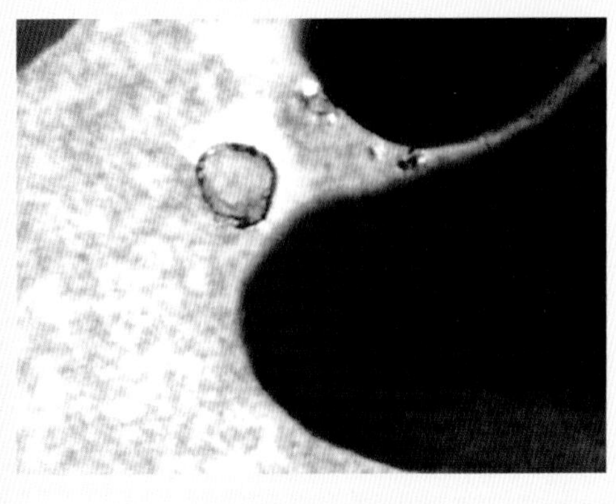

图 3–5–4　附红细胞体，通过纤丝与红细胞相连（透射电镜× 20000）

毛皮动物一年四季均可发病，高温高湿季节发病率高，吸血昆虫是传播媒介，经胎盘垂直传播已无异议。消毒不好的注射针头传播严重。许多成年毛皮动物带虫而不发病，但在应激因素作用下发生。

（二）症状　潜伏期6～10天，有的长达40天。体温升高到40.5℃～41.5℃，呈稽留热。鼻端干燥，精神差，便秘，呼吸迫促，心音亢进，结膜苍白，消瘦、衰竭、死亡（图3–5–5）。

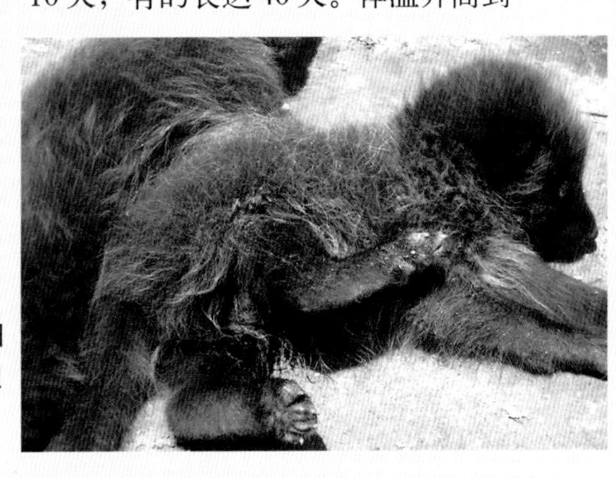

图 3–5–5　附红细胞体病死亡的狐狸

（三）病理变化　死后剖检，肺脏出血斑（图3–5–6），肝脏肿胀有出血斑（图3–5–7）、肠管黏膜有轻重不一的出血（图3–5–8），脾脏肿大（图3–5–9），肾出血严重（图3–5–10）。

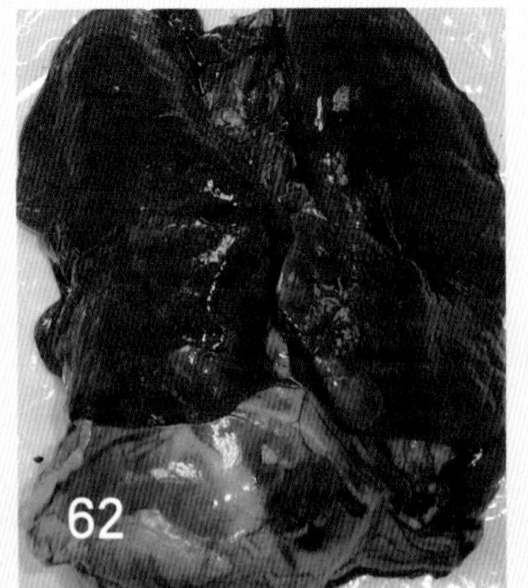

图3–5–6　附红细胞体病，肺脏出血斑

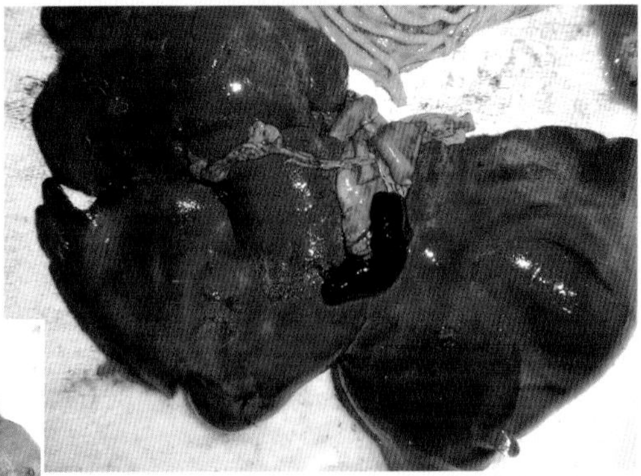

图 3-5-7 附红细胞体病，肝脏肿大有出血斑

图 3-5-8 附红细胞体病，肠管黏膜出血，

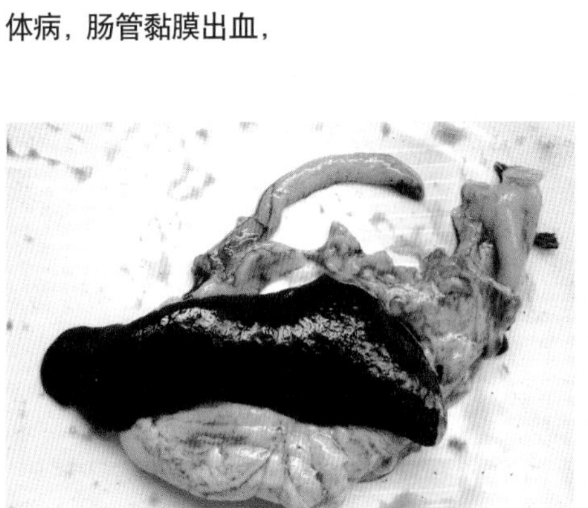

图 3-5-9 附红细胞体病，脾脏肿大

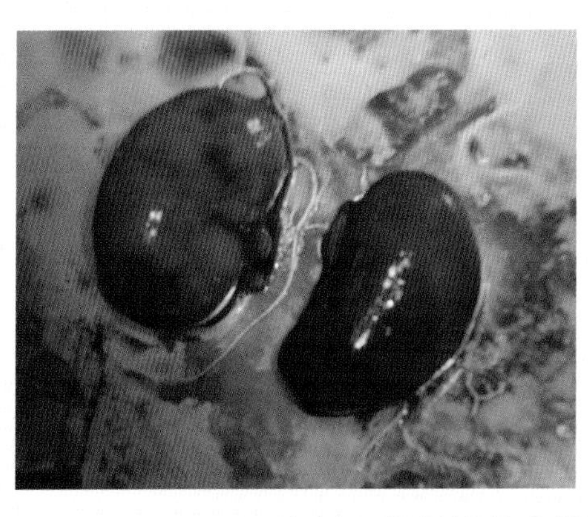

图 3-5-10 附红细胞体病，肾严重出血

（四）诊断 根据流行病学特点、临床症状及病理变化可初步诊断。血液涂片、染色，显微镜观察红细胞的变形并查找到虫体，即可确诊（图 3-5-11，图 3-5-12）。

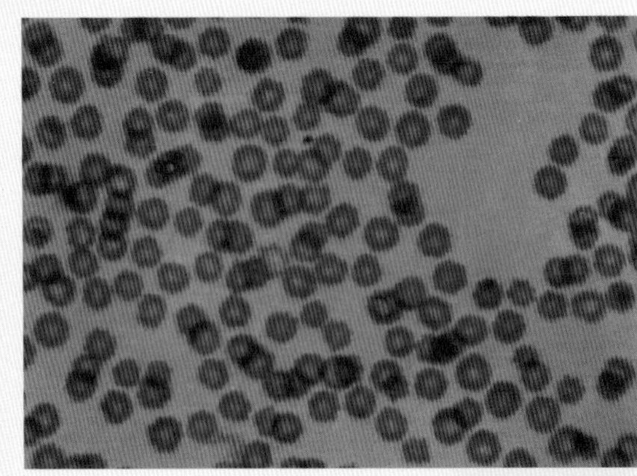

图 3–5–11　附红细胞体与红细胞（瑞氏染色 10 × 100）

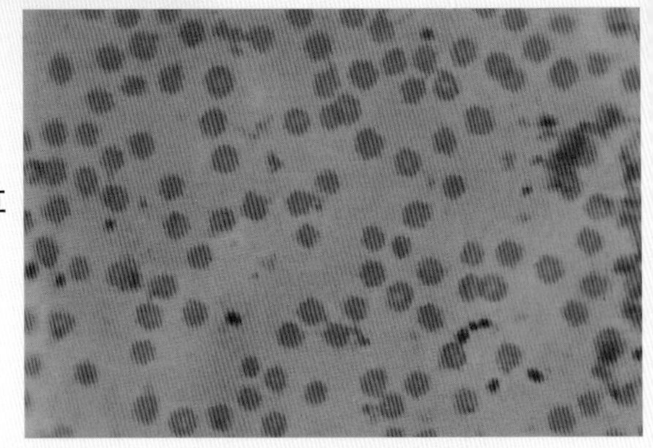

图3–5–12　附红细胞体与红细胞（姬氏染色 10 × 100）

也可采用血液涂片直接镜检法。在1000倍显微镜下可见到红细胞变形，周边呈锯齿状或呈星芒状，有的红细胞破裂。在红细胞表面上有1至数个针尖大小的蓝黑色小颗粒，染虫率达70%～100%，即可确定为附红细胞体病。

（五）防治

1. 防治原则　①减少各种应激反应。②加强饲养管理，注意消毒。③全群预防性投药。

2. 方法　全群投药。

强力霉素粉，剂量7～10毫克／千克体重，拌料，每天2次，连喂5～7天。土霉素、四环素也可拌料。

对病狐可用咪唑苯脲1～1.5毫克／千克体重，肌注，1次／天，连用3天；血虫净、长效土霉素效果差。对严重贫血的动物，可用维生素B_{12}、科特壮、硫酸亚铁肌内注射，食欲差的可用健胃消食片。

第四章　皮 肤 病

一、螨 虫 病

是由疥螨或蠕形螨引起的，伴有剧烈瘙痒和湿疹样变化的接触传染性皮肤病。

（一）病原及流行病学　疥螨病的主要病原是疥螨属、小耳螨属和耳螨属的螨虫。螨虫虫体几乎呈圆形，有4对足，除最后1对外，均伸出体缘之外（图4–1–1、图4–1–2、图4–1–3）。疥螨发育过程包括卵、幼虫、若虫和成虫4个阶段。疥螨钻进宿主表皮挖凿隧道，虫体在隧道里发育和繁殖，在隧道中每隔相当距离即有小孔与外界相通，以通透空气和作为幼虫出入的孔道。雌虫在隧道内产卵。从卵到成虫的整个发育过程通常需10～14天。

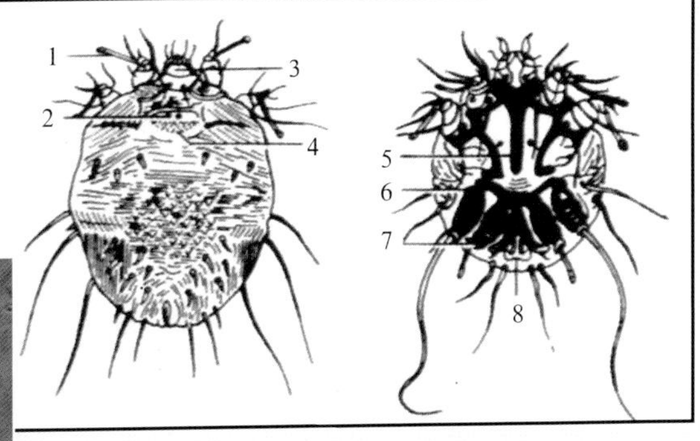

图4–1–1　疥 螨

1.吸盘　2.气孔原基　3.假关　4.胸甲　5.支条
6.第三和第四对足的支条　7.生殖围条　8.生殖围膜

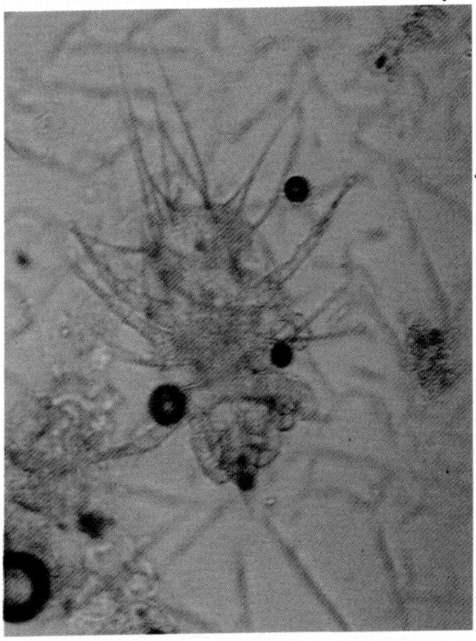

图4–1–2　疥螨雄虫

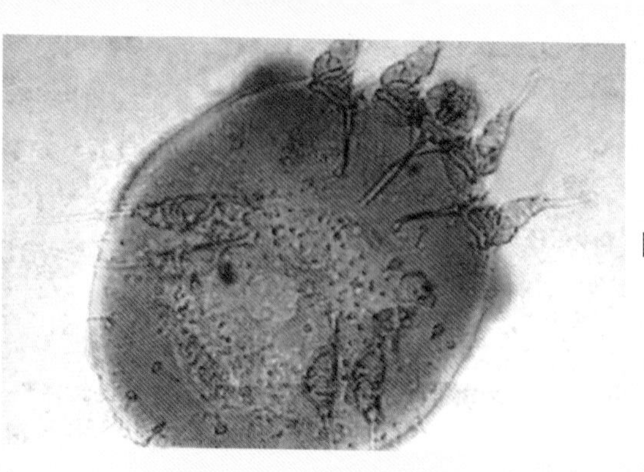

图 4-1-3　疥螨雌虫

蠕形螨病是由蠕形螨所致。体长 0.2～0.3 毫米，宽 0.04 毫米。胸部有 4 对很短的足。腹部呈锥形，有横纹（图 4-1-4，图 4-1-5，图 4-1-6）。这种螨寄生于皮脂腺或毛囊中，全部发育过程都在宿主身体上进行。雌虫产卵（图 4-1-7），孵化出 3 对足的幼虫，幼虫蜕变为 4 对足的若虫（图 4-1-8），若虫蜕变为成虫。据研究表明，它们能生活在淋巴结内，并部分在那里繁殖转变为内寄生虫。

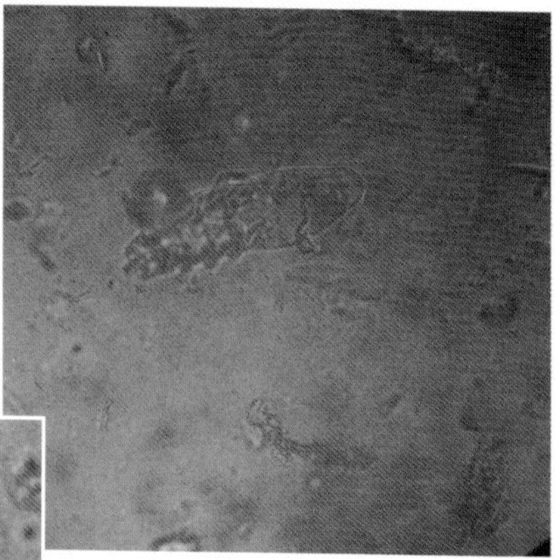

图 4-1-4　蠕形螨背面

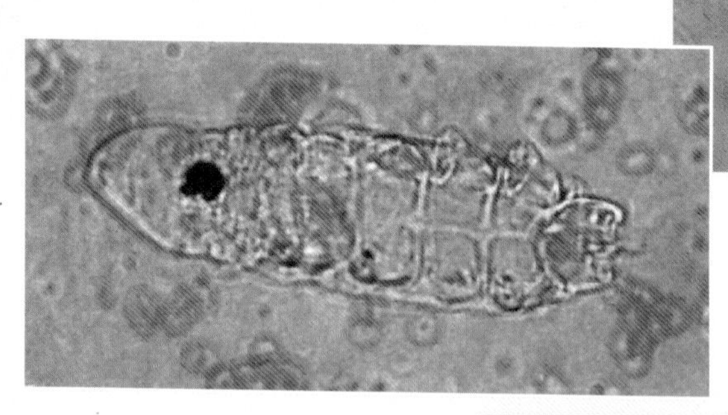

图4-1-5　蠕形螨成虫，体宽、短

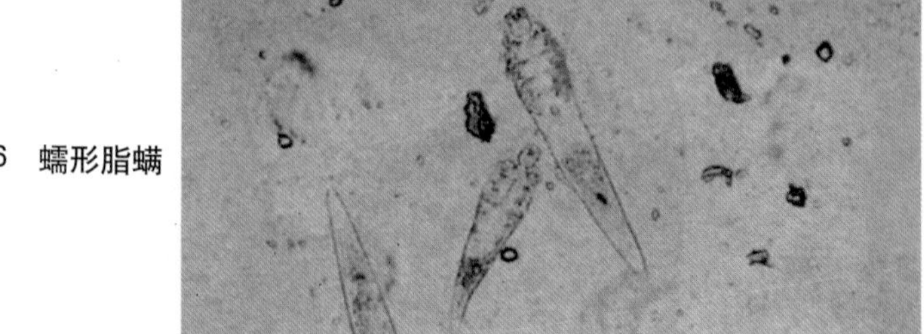

图 4-1-6　蠕形脂螨

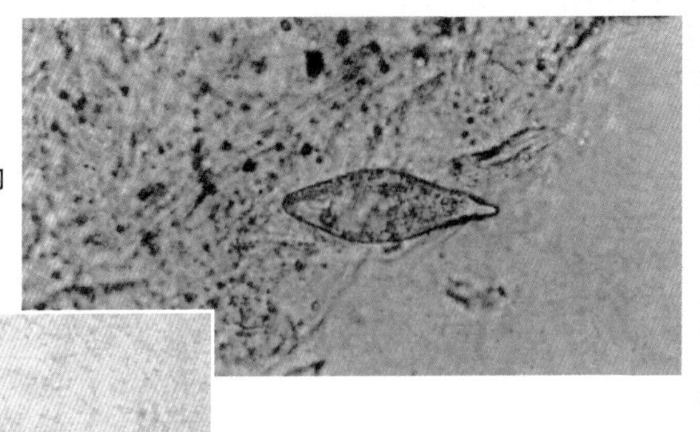

图 4-1-7　蠕形螨虫卵

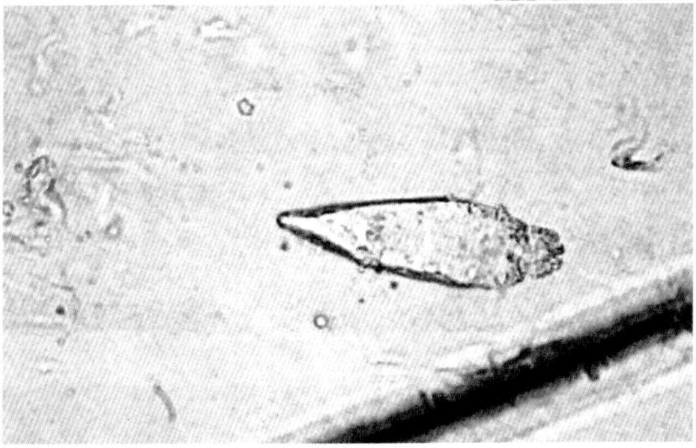

图 4-1-8　蠕形螨若虫

正常幼兽身上常有蠕形螨存在，一般不发病，但当机体抵抗力降低或皮肤发炎时，即大量繁殖，引起发病，蠕形螨常侵袭5～6 月龄的幼狐。

（二）症状　当疥螨钻入毛皮动物皮内时，引起强烈瘙痒，并使患兽持续地搔抓、摩擦和啃咬。螨病主要发生于头部、鼻梁、眼眶、耳郭及其耳根部（图 4-1-9），有时也可发生于前胸、腹下、腋窝、大腿内侧和尾根及四肢下端（图 4-1-10），甚至蔓延至全身。皮肤表面潮红，有疹状小结节，皮下组织增生，患部皮肤由于经常搔抓、摩擦、啃咬而缺毛。

图 4-1-9　疥螨病，鼻背部患处

图4-1-10　疥螨病，四肢下端、爪部患处

狐感染蠕形螨后，可在眼的周围形成不大的脱毛斑，有的则可扩展到全身，形成广泛的出血性化脓性皮炎。皮肤病变有鳞片形成或小脓疱。鳞片型的病变只有轻度炎症变化，患部缺毛，皮肤增厚呈鳞屑状。

脓疱型的，皮肤潮红，患部有血液或血浆渗出，因并发了细菌感染引起的化脓混合在一起，使病情加重(图4-1-11)。

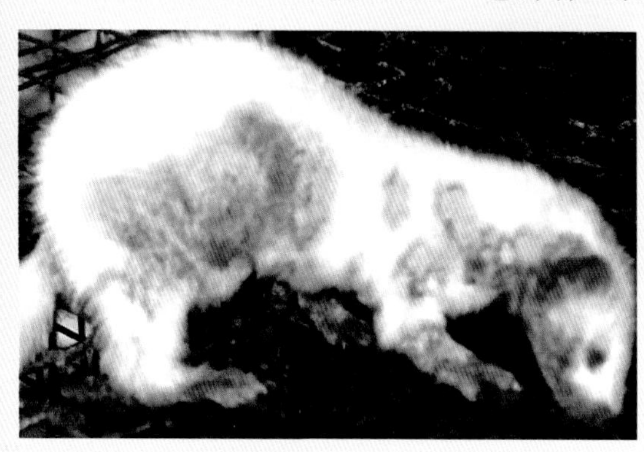

图 4-1-11　蠕行螨病，患部皮肤感染

（三）诊断　根据瘙痒和皮肤变化，结合查虫体进行确诊。

（四）防治

1. 治疗　将患部及其周围剪毛，除去污垢和痂皮，以温肥皂水或0.2%温来苏儿水洗刷，然后进行药物治疗。杀螨药常用特效杀虫剂1%伊维菌素或阿维菌素注射液，剂量为0.3毫克/千克体重，皮下注射:7～10天后再注射1次。一般经2次注射即可治愈。杀螨虫药还有通灭、害获灭，每只用0.7～1毫升，每隔7～10天用药1次，连用3次，即可治愈。用0.5%敌百虫溶液喷洒笼舍或用火焰喷灯火焰对笼子进行杀螨。

如有继发感染，应用青霉素、链霉素或磺胺类药等作全身治疗，单纯用杀螨虫药效果不好。

2. 预防　主要是保持动物身体与居住场所及一切用具的清洁卫生，定期消毒，加强饲养管理及增强幼狐的抵抗力。

二、皮肤真菌病

寄生于毛皮动物的被毛与表皮、趾爪角质蛋白组织中的真菌所引起的各种皮肤病，统称为皮肤真菌病。其特征是在皮肤上出现圆形脱毛斑，皮肤出现小的结节，渗出或鳞屑、结痂等；动物表现瘙痒症状。

（一）病原及流行病学 引起毛皮动物的皮肤真菌病有小孢子菌属和毛癣菌属。前一属包括小孢子菌和石膏样小孢子菌；后一属为须毛癣菌。

皮肤真菌病在炎热潮湿季节发病率高，幼小体弱、营养不良的动物易发病。

皮肤真菌病的传染源为病兽，传染途径主要通过直接接触，或接触被其污染的扫帚、刷子、垫料、工作服、小室等，也可经患有皮肤真菌病的人员和其他动物传染给毛皮动物。

（二）症状 患皮肤真菌病的毛皮动物以面部、耳、四肢、趾爪等部位发病，并逐渐向身体其他部位扩大感染。典型的皮肤病变为脱毛，脱毛区呈圆形并迅速向四周扩展，也有的病变部位呈椭圆形、无规则或弥漫状；有的病例出现无数个小的结节、渗出、极度瘙痒。感染的皮肤表面伴有鳞屑或呈红斑状隆起，有的病例在皮肤上形成痂皮，在痂皮下感染化脓（图4-2-1）。有的在皮肤上形成小脓疱并形成化脓性渗出物。本病病程2～4周，如不及时治疗可转为慢性，患有本病的银黑狐和北极狐营养不良，发病率有时可达30%～40%，甚至更高。

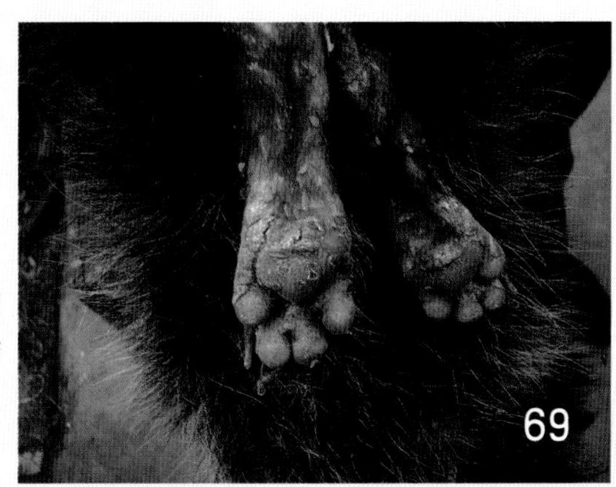

图4-2-1 真菌病，四肢下端感染

（三）诊断　根据病史、流行病学、临床症状及实验室检查可做出诊断。

1. 伍氏灯检查　用伍氏灯在暗室内照射病毛、皮屑或动物皮损区，凡出现绿黄色荧光的为小孢子菌感染，石膏样小孢子菌感染与须毛癣菌感染都看不到荧光（图 4–2–2，图 4–2–3）。

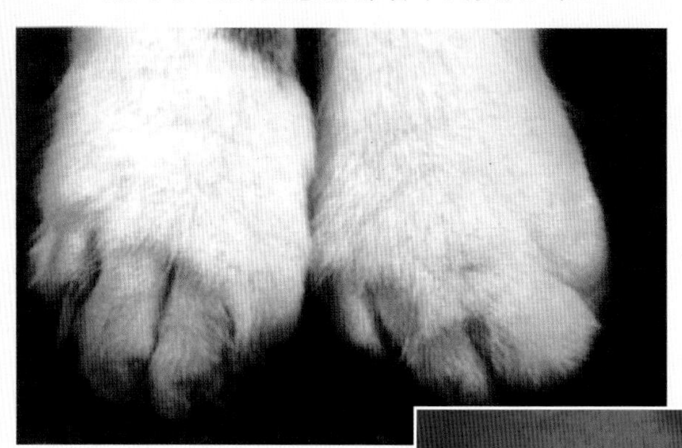

图–4–2–2　脚趾部真菌感染被毛折断

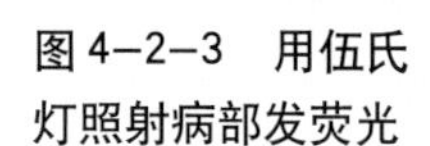

图 4–2–3　用伍氏灯照射病部发荧光

2. 病原菌检验　从病变区边缘采集被毛或皮屑，放在载玻片上，滴加几滴 10%～20% 氢氧化钾溶液，在弱火焰上微热，待软化透明后，覆以盖玻片，用低倍镜或高倍镜观察。小孢子菌呈棱状、壁厚、带刺、多分隔的孢子；石膏样小孢子菌感染，可看到多呈椭圆形、壁薄、带刺、含有 6 个分隔的大分生孢子；须毛癣菌感染，可看到毛干外呈链状的分生孢子（图 4–2–4）。

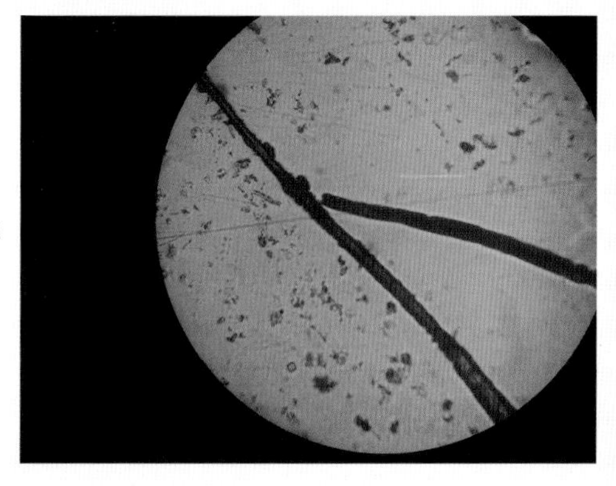

图4–2–4　须毛菌，毛杆上的孢子

（四）治疗　对患皮肤真菌病的动物可采取下列方法治疗。

1. 外用药物疗法　选择刺激性小、对角质浸透力和抑制真菌作用强的药。市售的有克霉唑软膏、唑康唑软膏和新皮康、癣净等。局部涂抹，直至痊愈。

2. 钱癣溶液　水杨酸50克，苯甲酸50克，薄荷脑30克，麝香草酚30克，甘油195毫升，2%碘酊195毫升，95%乙醇加至1 000毫升。取水杨酸、苯甲酸、薄荷脑、麝香草酚加适量乙醇溶解，加入碘酊、甘油混合均匀，加乙醇成全量。该方可用于各种浅部丝状真菌感染。

3. 氧化锌洗剂　氧化锌100克，淀粉100克，甘油100毫升，液化苯酚10毫升，蒸馏水加至1 000毫升。取氧化锌、淀粉混合过筛，加适量水搅匀，加入甘油与酚的混合液并加水至全量，搅匀即得。该方具有收敛，止痒、消炎、抑菌等作用，用于亚急性，顽固性皮炎、皮肤瘙痒等症。

第五章　中毒性疾病

一、有机磷类和氨基甲酸酯类中毒

有机磷类包括三硫磷、丁烯磷、蝇毒磷、敌敌畏、二嗪农、乐果、敌杀磷、倍硫磷、马拉硫磷、一六〇五、磷胺、皮蝇磷、育畜磷和敌百虫等。氨基甲酸酯类包括西维因、呋喃丹、混杀威、合杀威、灭多虫和残杀威等。

（一）病因　上述药物是乙酰胆碱酯酶活性抑制剂，供农作物杀虫剂或动物全身性杀外寄生虫药剂。动物接触或误食会引起中毒。

（二）症状　因药物的摄入量和个体敏感性而异。发病是在食入含毒饲料不久，死亡很快。可分毒蕈碱中毒型、烟碱中毒型和中枢神经系统中毒型3类。其主要症状为流涎，口吐白沫，肌肉自发性收缩、震颤，共济失调，惊厥，呕吐，腹泻，瞳孔缩小，流泪，呼吸道分泌物增多，支气管缩小，呼吸困难，紫绀，昏迷而死亡（图5–1–1）。中毒较轻的水貂，精神沉郁，卧于笼内，头颈哆嗦、不食，如不经治疗1～2天死亡。

图5–1–1　有机磷中毒死亡的水貂

（三）病理变化　剖检肺有出血斑（图5–1–2），脾脏有出血斑（图 5-1-3），胃肠黏膜严重出血（图5-1-4），肝脏出血呈黑红色（图5-1-5）。

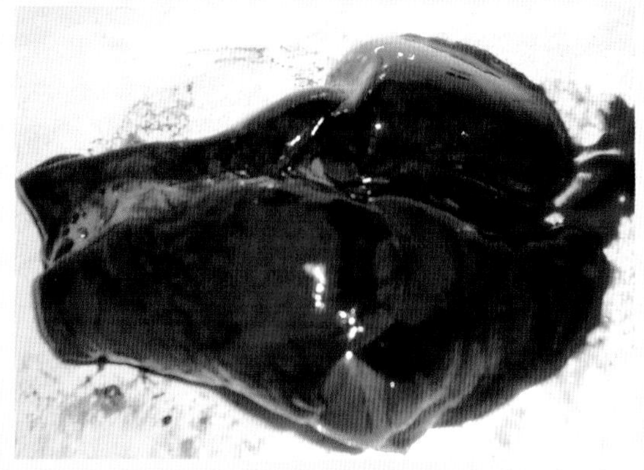

图 5-1-2　有机磷中毒，肺有出血斑

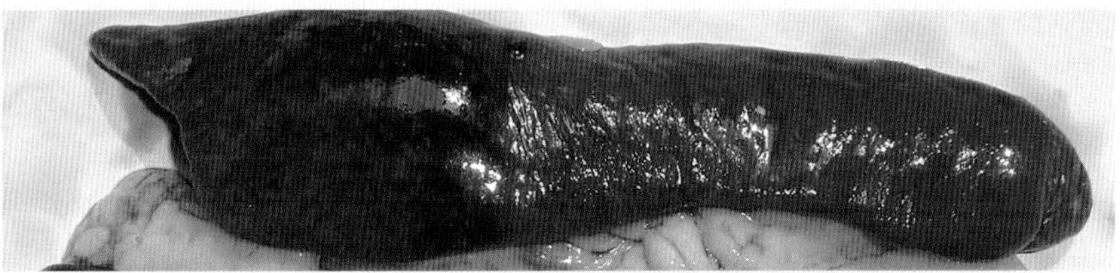

图 5-1-3　有机磷中毒，脾有出血斑

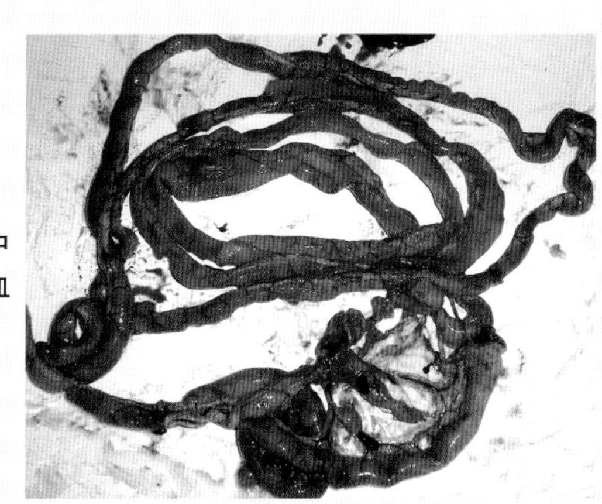

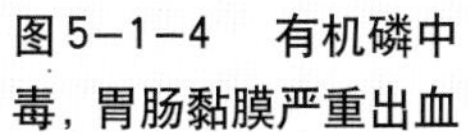

图 5-1-4　有机磷中毒，胃肠黏膜严重出血

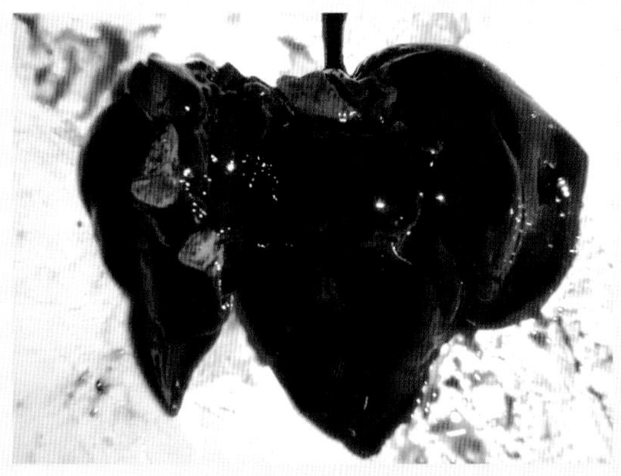

图 5-1-5　有机磷中毒，肝出血呈黑红色

（四）治疗　静注硫酸阿托品，剂量为0.1毫克/千克体重，并以相同的剂量做皮下注射1次。为控制过盛的毒蕈碱活性，每1～2小时重复注射1次。静脉注射解磷定，剂量20毫克/千克体重，如有必要，可在12小时之后以同样剂量重复注射1次，氨基甲酸酯类中毒禁用解磷定。如果体表接触中毒，可用肥皂水刷洗皮毛。对于出现兴奋不安或惊厥的动物，可用镇静剂，如静松灵。

二、黄曲霉毒素中毒

黄曲霉毒素中毒是动物采食了被黄曲霉或寄生曲霉污染并产生毒素的食物后引起的一种急性或慢性中毒。

（一）病因　目前已发现的黄曲霉毒素有20多种，并且B1，B2，G1和G2的毒力最强，都具有致癌作用，对肝脏的损害最大。其中又以B1致癌作用最强，当B1进入体内后在肝细胞内质网中的混合物氧化酶的催化下，转变为环氧化黄曲霉毒素B1，再与DNA及RNA结合，并产生变异，使正常肝细胞转化为癌细胞。

最易被黄曲霉菌污染的饲料是花生、玉米、黄豆、棉籽饼等植物种子及其副产品，凡是污染了黄曲霉菌和寄生曲霉菌的粮食、饲草、饲料等，都可能存在黄曲霉毒素，甚至没有发现真菌、真菌菌丝体和孢子的食品和农副产品上，也可找到黄曲霉毒素。如果动物大量采食了这些含有多量黄曲霉毒素的饲料，就会引起发病。

（二）症状　水貂中毒多呈慢性经过，但到病的后期才表现出临床症状，如精神沉郁，不食，胃肠功能紊乱，间歇性腹泻，体温正常，黏膜苍白或黄染，在停食后经过1～2天即很快死亡。

（三）病理变化　死亡水貂的腹水淡红色，肝脏肿大黄染，

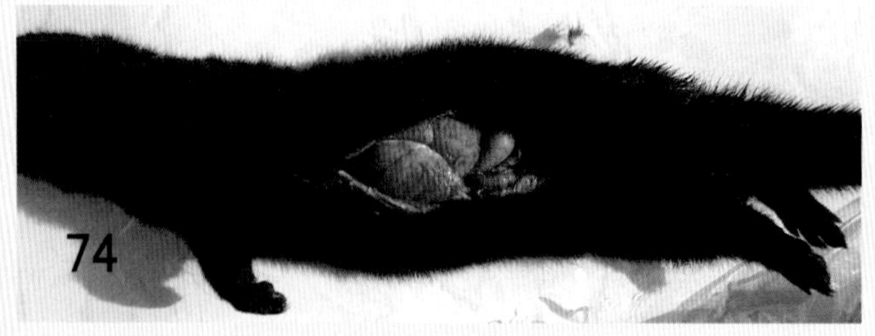

图5-2-1　黄曲霉毒素中毒，肝肿大黄染

质硬（图5-2-1、5-2-2）；肾呈苍白色，胃肠道黏膜出血（图5-2-3）。

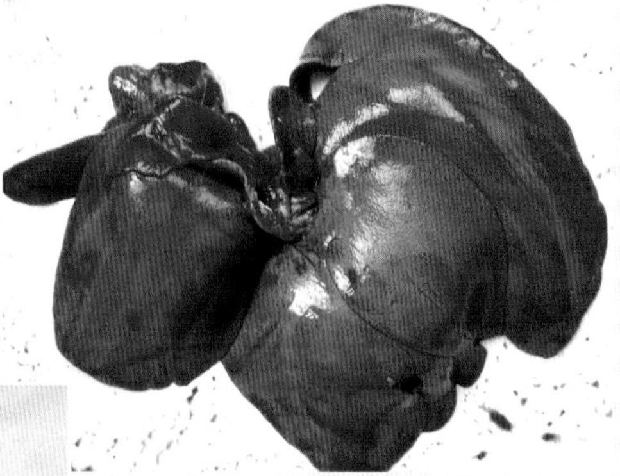

图5-2-2　黄曲霉毒素中毒，肝肿大质硬黄染

图5-2-3　黄曲霉毒素中毒，胃肠黏膜弥漫性出血

（四）诊断　根据饲喂含黄曲霉毒素的饲料和食物及病理剖检变化即可初步诊断本病，确诊需对饲料样品进行检验。

（五）防治　尚无解毒剂，主要在于预防，避免饲喂发霉变质的饲料和食物。全群用葡萄糖、维生素C、维生素B_{12}拌料，可使中毒较轻的动物症状缓解。

第六章　消化系统疾病

一、肠套叠

肠套叠是指一段肠管伴同肠系膜套入与之相连续的另一段肠腔内，形成双层肠壁重叠现象。本病在幼狐发病率较高。

（一）病因　引起肠套叠的病因是肠蠕动正常节律紊乱所致。腹泻常引起肠套叠；采食了大量食物或冷水，刺激局部肠道产生剧烈的蠕动，易引起肠套叠；肠套叠也常见于犬瘟热、犬细小病毒感染、胃肠炎以及寄生虫病的经过中。

（二）症状　病狐精神沉郁，食欲不振或拒食，反复呕吐，腹痛，排便里急后重，可见有黏液血便，脱水，贫血等。腹部有紧张感，触诊敏感，可触摸到坚实而有弹性、似香肠样的套叠肠管，套入长度不等。X线检查，套叠肠管呈圆筒样软组织阴影，为2倍肠管粗细。肠套叠多为小肠下段套入回肠，或一段空肠套入另一段空肠甚至回肠套入结肠内。肠套叠部分肠段常发生淤血、肿胀，甚至肠管发生坏死（图6–1–1，图6–1–2）。

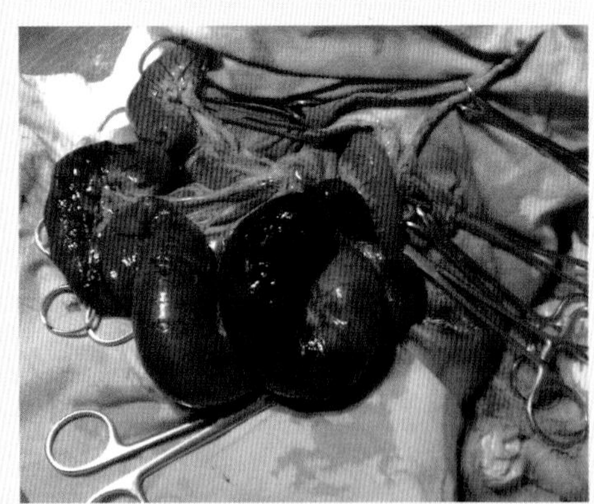

图6–1–1　肠套叠，肠壁出血、肠管暗红色

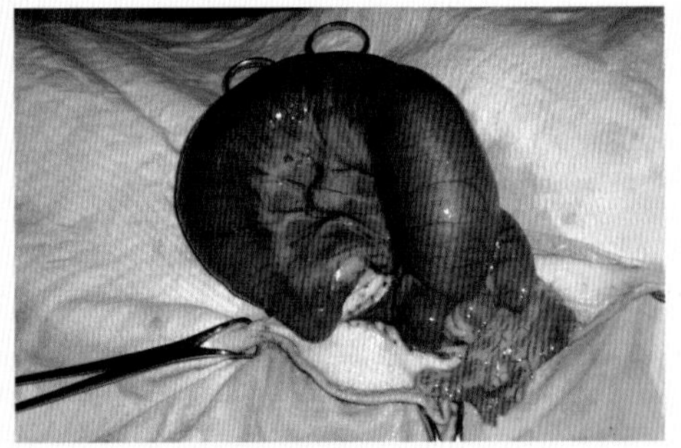

图6–1–2　肠套叠，套叠部分肿胀，呈香肠样

（三）治疗 早期诊断早期复位是治疗肠套叠的原则。

肠套叠初期，可用温肥皂水灌肠进行整复，也可隔腹壁经触诊整复。对症状明显病例，应尽早手术整复，对于良种狐狸手术整复是经济合算的。在全身麻醉下，按照无菌手术操作规程，打开腹腔后，手进入腹腔内将套叠肠管拉到腹腔外（图6–1–3）。若肠管没有发生坏死，可进行肠管整复，术者一只手握住套叠肠管的鞘部向外挤，另一只手慢慢试着向外拉（图6–1–4）。整复后，可用生理盐水冲洗后送回腹腔，进行常规关闭腹腔。若套叠肠管有明显坏死以及难以整复的套叠部分可直接切除，实施肠管端端吻合术（图6–1–5）。术后禁食4～5天，给予抗生素控制腹腔内感染，静脉补液以维持水电解质及酸碱平衡。不限制饮水，5天后饲喂富含营养的流质食物，逐渐恢复常规饮食。

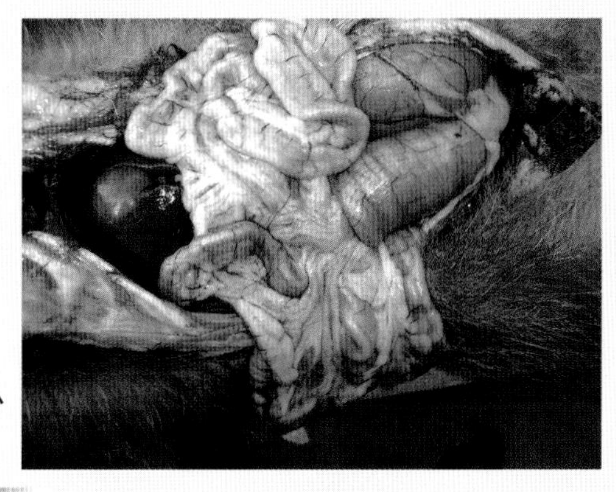

图6–1–3 将套叠肠管拉至腹腔外

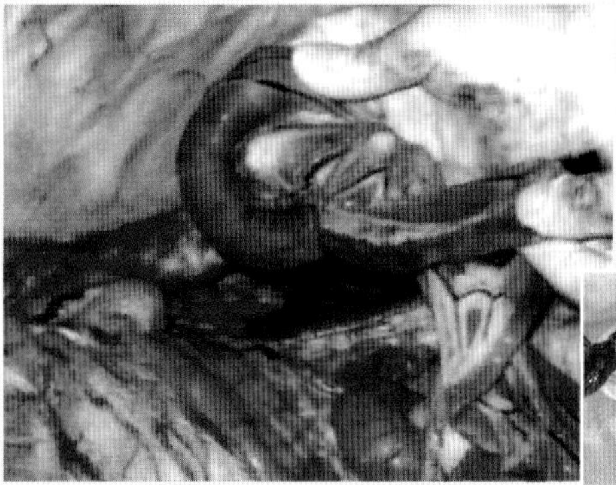

图6–1–4 术者一只手握住套叠肠管鞘部向外挤，另一只手慢慢试着向外拉

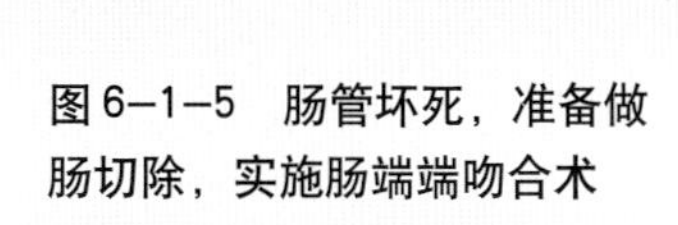

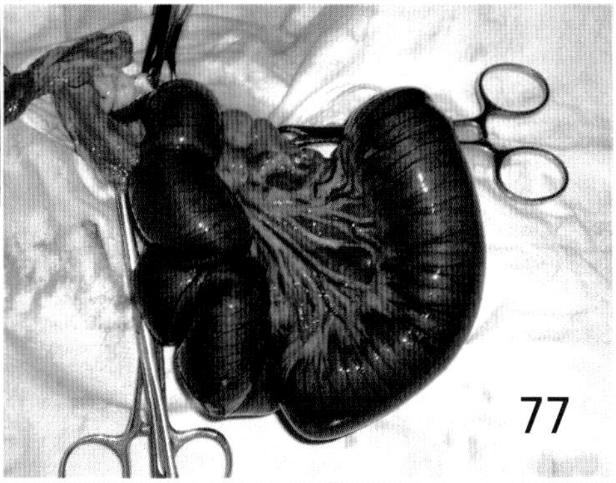

图6–1–5 肠管坏死，准备做肠切除，实施肠端端吻合术

二、急性胰腺炎

急性胰腺炎是由于胰腺消化液作用于胰腺本身及其周围组织而引起炎症，分为水肿型和出血坏死型两种类型，发病后常引起腹痛，如治疗不当，常引起死亡。

（一）病因 饲喂高脂肪饲料是诱发急性胰腺炎的主要诱因，脂肪含量过高的饲料可导致高脂血症，可引起胰腺炎。在毛皮动物患胆管炎时可间接引起胰腺炎。在传染性肝炎发病过程中也可能引起胰腺炎。饲喂变质腐败的动物性饲料也可引起该病。

（二）症状 患急性胰腺炎的动物常常表现腹痛症状，病兽常常伏卧于笼内，体温升高，精神不振，鼻端干燥有脓性眼眵（图6–2–1）。或以肘及胸部伏卧于笼底而后躯抬高呈现一种“祈祷姿势”。在急性发作时，病兽常常呕吐，不能采食，喜饮水，但饮水后即再吐出。用手触诊后腹部常有压痛，腹壁紧张，腹水增多。当炎症进一步发展，胰腺坏死，毒素吸收后可使病兽进入休克状态（图6–2–2）。

图6–2–1 急性胰腺炎，鼻端干燥，有脓性眼眵

图6–2–2 急性胰腺炎，死亡的貉

（三）病理变化 死亡的动物消瘦（图6–2–3），脱水明显，胰腺大面积出血（图6–2–4），胃底部黏膜和小肠黏膜轻度出血（图6–2–5），肝脏肿胀（图6–2–6），肾苍白有出血斑（图6–2–7），肺有出血斑（图6–2–8）。

图6–2–3 急性胰腺炎，死亡的貉消瘦

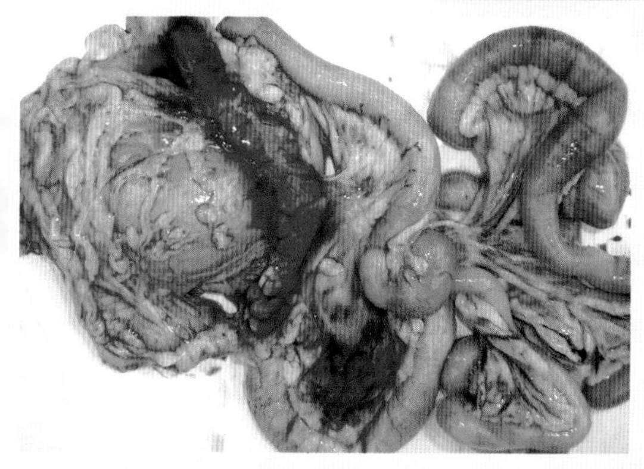

图6–2–4 急性胰腺炎，胰腺大面积出血

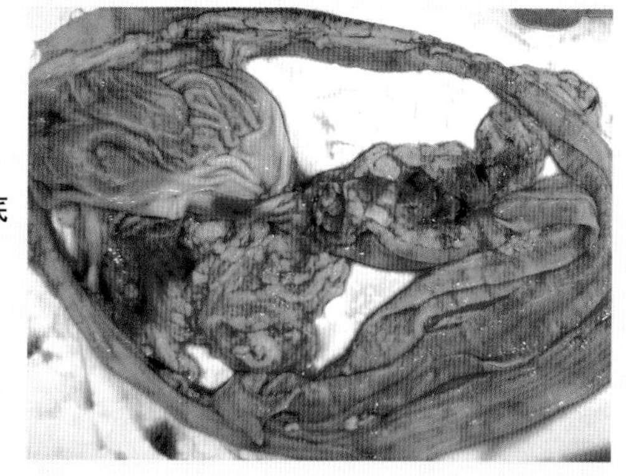

图6–2–5 急性胰腺炎，胃底部黏膜和小肠黏膜轻度出血

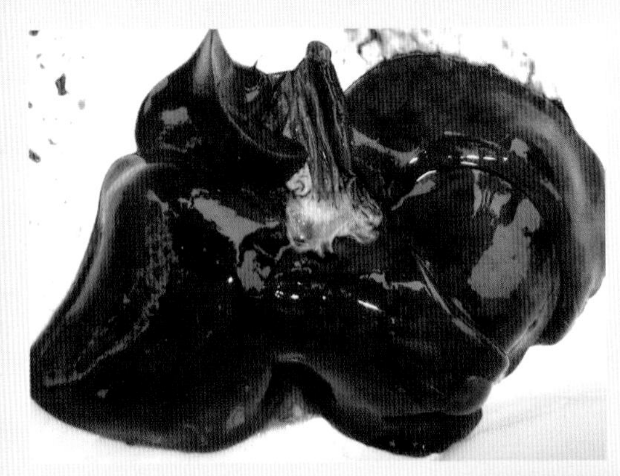

图6-2-6　急性胰腺炎,肝脏有少量出血斑

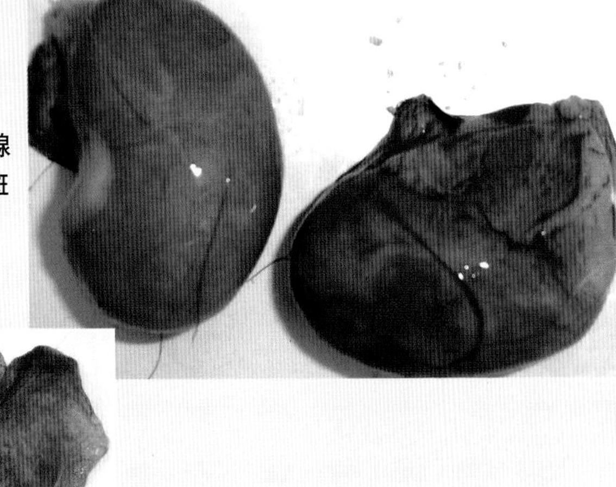

图6-2-7　急性胰腺炎，肾苍白有出血斑

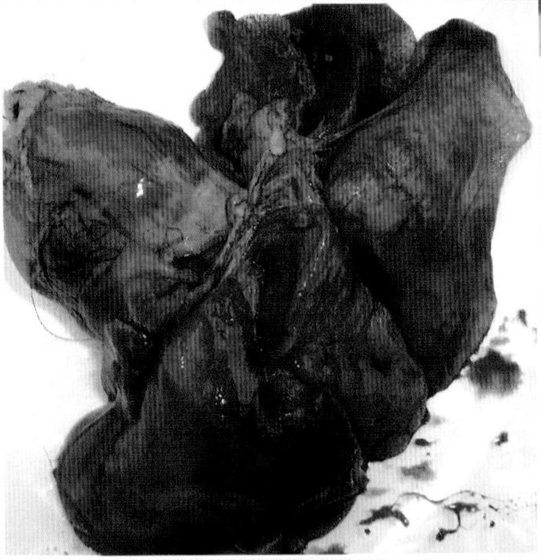

图6-2-8　急性胰腺炎，肺有出血斑

（四）诊断　根据临床症状可初步进行诊断，确诊需进行化验，血清淀粉酶含量升高，发病后2～3天内含量达正常的2倍以上，血清脂肪酶含量也升高。

（五）治疗　禁食3～4。解痉止痛可用阿托品0.5毫克，每日3～4次，皮下注射。可用青霉素、链霉素或其他广谱抗菌素。出血坏死型胰腺炎或有休克者，每天用氢化考的松100～300毫克，加入5%葡萄糖盐水中静脉滴注，分2～3次用完，连续应用3～5天。当血糖过高时，在补充葡萄糖时应加入适量胰岛素，一般50克葡萄糖中加入8～10单位普通胰岛素。血钙过低甚至抽搐的病例在补液体中加入10%葡萄糖酸钙10～20毫升，每日1～2次。

第七章　外、产科病

一、子宫积液与积脓

子宫积液是指在子宫腔内蓄积多量含有黏多糖（黏蛋白）的黏液；子宫积脓是指在子宫腔内蓄积多量的脓性分泌物。

（一）病因　子宫积液通常是由慢性卡他性子宫内膜炎发展而来。因为变性的子宫腺体分泌功能加强，同时，子宫颈口因黏膜肿胀受到阻塞，子宫腔内的卡他性渗出物不能排出，便引起子宫积液。在假妊娠时，由于子宫黏膜的分泌功能加强，子宫腔内的黏液可达200～1200毫升。

子宫积脓通常是子宫内有化脓性炎症过程，同时子宫颈黏膜肿胀，组织增生，而子宫颈口被阻塞，子宫腔内的脓性分泌物不易排出而发生子宫积脓。

（二）症状　子宫积液一般无明显全身症状。在假妊娠（黏液妊娠）时，可见由子宫内排出大量粉红色的脓样浑浊黏液。腹壁触诊，可发现子宫内有明显的波动。当微生物侵入时，则发展为子宫积脓（图7-1-1）。

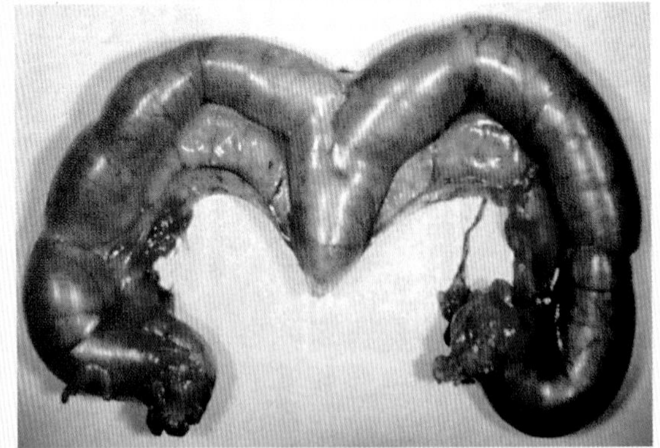

图7–1–1　子宫积脓，经手术切除

子宫积脓动物常常表现性周期紊乱，腹部增大，全身情况较差，瘦弱，被毛无光，食欲减退。有时体温升高，偶尔从阴门中排出脓性分泌物。腹部触诊，可发现有膨满的条形囊状物。

（三）诊断 腹壁触诊若发现腹内膨满而有波动，首先应注意与充满的膀胱区别开来。常用的方法是进行导尿。如果尿液排出后，膨满的囊状物仍未缩小或消失，则可认为是子宫积液或积脓。

（四）治疗 对子宫积液的动物，应加强饲养管理，供给营养丰富的食物。可经腹壁进行子宫按摩。可应用雌激素类药物，如己烯雌酚，狐一次口服量为2.0～5.0毫克；肌内注射一次量为0.2～0.5毫克。己烯雌酚（人造雌酚）采取皮下或肌内注射，狐每次0.4～1毫克。

对于子宫积脓，若毛皮尚未成熟，应采取卵巢子宫切除术，待毛皮成熟后淘汰取皮。

二、子宫腺瘤

在经产母兽的子宫黏膜上形成串珠状葡萄粒大小的呈囊肿样的肿瘤，称子宫腺瘤。该类肿瘤属于良性。

（一）病因 发病原因可能与雌激素分泌紊乱有关。

（二）症状 肿瘤位于子宫黏膜下，单个囊状，柔软，其内有液体，表面光滑，大小不等，数量不一（图7–2–1）。随着肿瘤的增大，病兽腹围膨大，食欲减退，体重减轻，并从阴道内排出带血色分泌物。

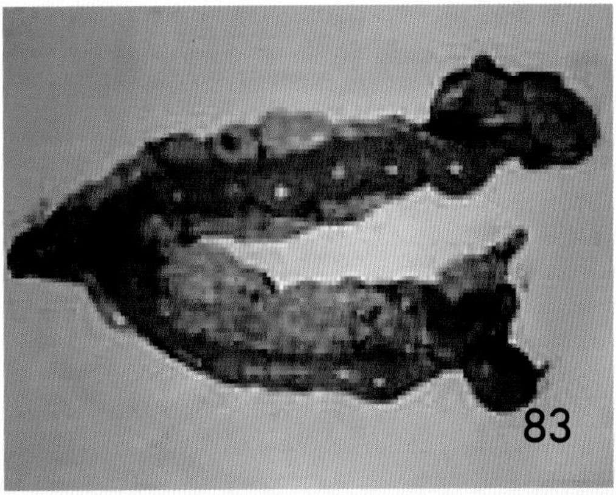

图7–2–1 子宫腺瘤

（三）诊断 根据临床症状和腹部触诊时可触及子宫内的囊状柔软而富有弹性肿块，即可确诊。

（四）治疗 手术摘除肿瘤。凡肿瘤大且数量较多时，需将子宫切除。毛皮动物一般淘汰取皮。

三、结 膜 炎

结膜炎是养狐场中最常见的眼科疾病之一。本病在多数情况下呈慢性经过。根据渗出物性质和临床症状，可大致分为下列几种：

（一）黏液性结膜炎

1. 病因 在养狐场中，由于狐笼距离地面太近，狐粪尿的气味对眼睛刺激引起；也有的是因为存在眼睑内翻、外翻、睫毛生长排列不整齐，易继发该病。当鼻泪管闭塞时也可引起本病。由于结膜异物刺激和外伤，也可发生该病。

2. 症状 患眼羞明、流泪、结膜充血、肿胀、不断流出浆液性分泌物（图 7–3–1）。

图 7–3–1 结 膜 炎

（二）化脓性结膜炎

1. 病因 急性化脓性结膜炎大多为全身性疾患（如犬瘟热）所引起，也可能是局部化脓菌感染所致。如果不能确定是何种原因，就要对脓性分泌物进行细菌分离与培养。

2. 症 状　眼内流出脓性分泌物，常使上下眼睑粘在一起。化脓性结膜炎常波及角膜而形成溃疡。

（三）治疗　及时清扫狐笼下的粪尿，保持好养狐场的卫生。要除去病因，用3%硼酸水或0.1%利凡诺溶液清洗患眼。充血严重时可对患眼用0.5%～1%硝酸银溶液点眼，每日1～2次，并保持眼部卫生。

对慢性结膜炎，可对患眼用较浓的硫酸锌或硝酸银溶液点眼，也可以用2%黄降汞眼药膏点眼。如果渗出物已变成脓性，就应进行细菌分离培养和药物敏感性试验，选择有效抗生素进行治疗。

对于化脓性结膜炎，通过药敏试验选择敏感药物进行治疗。在等待细菌培养与药物敏感性试验结果期间，应使用广谱抗生素。用新霉素和多黏菌素B配制的点眼剂，每天至少要点眼4次以上。在应用抗生素前，对眼及附属器官用洗眼液进行洗涤。

四、尿路结石

尿路结石是指由于矿物质代谢障碍引起的在肾、输尿管、膀胱、尿道内形成的结石，而引起尿路的不完全阻塞或完全阻塞。从而引起排尿困难、排尿次数增多，排尿呈点滴状或淋漓状排出，并引起食欲下降或停止采食、尿闭，直至死亡的疾病。

（一）病因　尿路结石形成的因素很多，最多见的因素是长期饮富含钙质的水和饲喂富含钙质的食物，致使尿中盐类浓度增高。其次，饲料中维生素A或胡萝卜素不足或缺乏时，可引起中枢性功能紊乱，导致盐类形成调节功能障碍。也可因维生素A缺乏，引起肾及尿路上皮形成不全及脱落，使尿结石的核心物增多。因尿道感染可引起尿液潴留，也是尿路结石形成的因素，由于尿液潴留尿素分解形成氨，使尿液碱化，有利于尿盐类结晶的沉淀与析出。

（二）症状　完全尿道结石阻塞的动物常作排尿姿势而无尿

排出。排尿困难与尿道阻塞的程度以及时间有关。当尿道不完全阻塞时，尿呈点滴状或淋漓状。而当尿道完全阻塞时，则发生尿闭；尿道完全阻塞超过2天以上，可发展成血尿。发病动物食欲下降，当完全阻塞后停止采食，动物膀胱积尿扩张，触诊腹部可发现膀胱的轮廓；用手指直肠检查可触及膨胀的膀胱。当膀胱过度充满尿液后可引起膀胱破裂，大量尿液进入腹腔，可导致尿毒症死亡。

（三）诊断 阴茎部尿道阻塞时可用细塑料管进行探诊，当膀胱内有结石时可通过直肠内触诊膀胱结石的数量和大小（图7–4–1）。

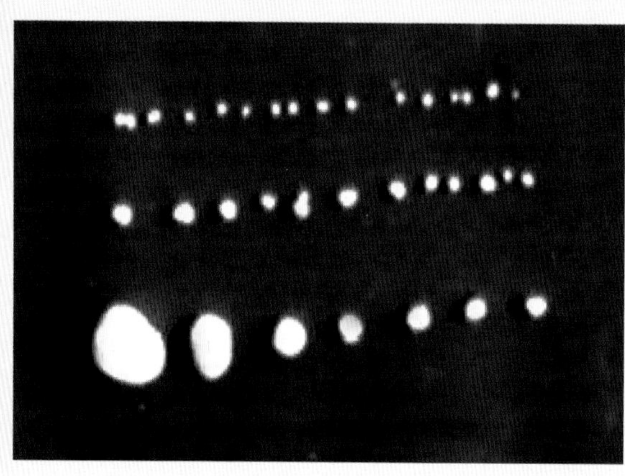

图7–4–1 尿路结石

（四）治疗 应通过改善饲养管理，减少富含钙质的食物，大量饮水，必要时可用利尿剂，以期形成大量稀释液，借以冲淡尿液晶体的浓度，减少晶体的析出与沉淀。与此同时，在饲料中增加维生素A的添加量，还可在饲料中加入中药金钱草，以利尿结石的排出。在有条件的场对于膀胱结石和尿道结石可进行手术取出结石。

五、尿湿症（尿道感染）

尿湿症是水貂和狐狸的一种泌尿障碍病，常常造成很大的经济损失。很早就认为是尿道黏膜的细菌感染引起的。因主要表现为尿道黏膜的炎症变化，其主要症状为频频排尿，阴茎尿道肿胀、敏感，尿道口红肿。

（一）病因　尿结石的机械刺激及药物的化学刺激可引起尿道黏膜损伤从而继发细菌感染。此外，临近器官组织炎症的蔓延，如膀胱炎、包皮炎、阴道炎、子宫内膜炎蔓延至尿道而发生。多数学者认为尿湿症与饲养管理的关系密切，夏季饲料腐败变质以及维生素B_1不足都是诱发尿湿症的重要因素。也有人认为本病与遗传有关，有些品种有高度易感性。另外，当脊髓损伤的动物也会引起排尿失禁，而导致尿湿症。

（二）症状　病初期出现不随意的频频排尿，公兽比母兽发病多，会阴部及两后肢内侧被毛浸湿使被毛连成片（图7－5－1）。皮肤逐渐变红，明显肿胀，不久浸湿部出现脓疱或皮肤出现溃疡，被毛脱落、皮肤变厚，以后在包皮口处出现坏死性变化，甚至膀胱继发感染，从而患病动物常常表现疼痛性尿淋漓，排尿时由于炎性疼痛，使尿液呈继续状排出，严重时可见到黏液性或脓性分泌物不时自尿道口流出。尿液浑浊，其中含有黏液、血液或脓液。有时排出坏死脱落的尿道黏膜。

图7－5－1　尿湿症，后躯被毛浸湿

触诊可见阴茎肿胀，敏感。尿道口红肿，对尿道进行探诊时，动物表现疼痛不安，导尿管插入困难。

（三）治疗　尿湿症的治疗原则是消除病因，抑菌消炎和尿道消毒。可用0.05%高锰酸钾溶液、0.02%呋喃西林溶液、1%～

3% 硼酸溶液、0.1% 雷佛奴尔溶液、1%～2% 明矾溶液或 0.5% 鞣酸溶液，进行尿道冲洗，每天 1～2 次。对严重尿道感染，在进行尿道冲洗的同时，还应配合应用尿路消毒剂、磺胺类和抗生素类药物。呋喃妥因每次内服 5～7 毫克／千克体重，每天 3 次；乌洛托品，每次内服 0.2～0.5 克，每天 2～3 次。当尿液呈碱性时，可改用樟脑酸乌洛托品，每次内服 0.5 克，每天 2 次。青霉素用量一般按 2 万单位／千克体重，肌内注射，每 8 小时 1 次。硫酸链霉素，按 2 万单位／千克体重，每天 2 次。但更重要的是改善饲养管理，从饲料中排除变质或质量不好的动物性饲料，在饲料中增加富含维生素的饲料并给以充足饮水。

第八章　营养代谢疾病

一、维生素C缺乏症（红爪病）

（一）病因　水果蔬菜中富含维生素C，而肉类和谷物中几乎不含维生素C，毛皮动物以动物性饲料为主，如果在饲料中不补加维生素C，动物会发生维生素C缺乏症，特别在妊娠期，胎儿的发育需要维生素C，日粮中需加大维生素C的供给量，如果母兽供应维生素C不足，可使新生仔兽生下后即表现维生素C缺乏症，如果维生素C缺乏严重的可生出死胎（图8–1–1）。

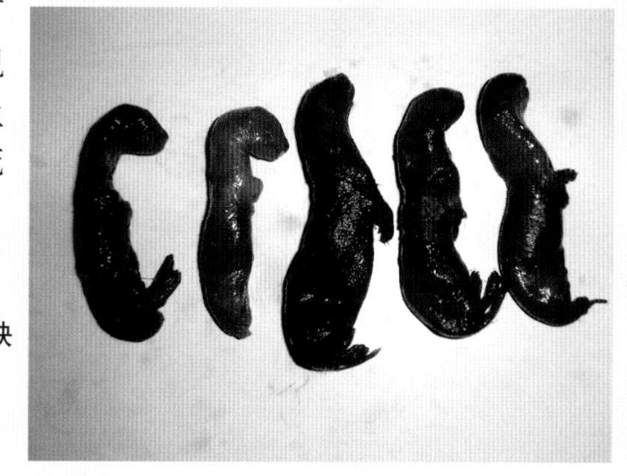

图8–1–1　维生素C缺乏症，母兽生出死胎

（二）症状　维生素C缺乏症主要表现在新生仔兽。新生仔兽生下后即表现四肢水肿，关节变粗，指（趾）垫肿胀，尾部水肿，患部皮肤紧张、红肿，因此又称为红爪病（图8–1–2）。如果在生下后

图8–1–2　维生素C缺乏症，仔兽全身红肿

治疗不及时，在趾间部红肿的皮肤上常常出现渗出或裂开破溃。如果母兽在妊娠期严重缺乏维生素C时，则胎儿也发生脚掌水肿，生下后即可看到仔兽的脚掌红肿，仔兽尖叫，到处乱爬，头向后仰，死亡率高（图8–1–3）。由于仔兽不能吸吮乳汁，母兽乳房乳汁不能排泄，母兽乳腺膨胀、疼痛，甚至形成乳腺炎。母貂消瘦，内脏出血（图8–1–4，图8–1–5）。

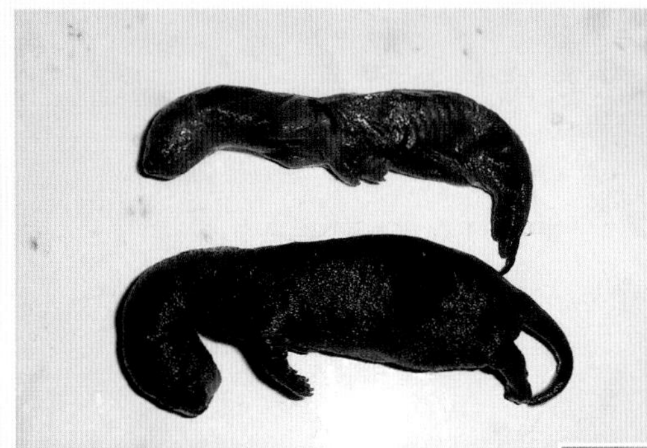

图8–1–3　维生素C缺乏症，死亡仔貂

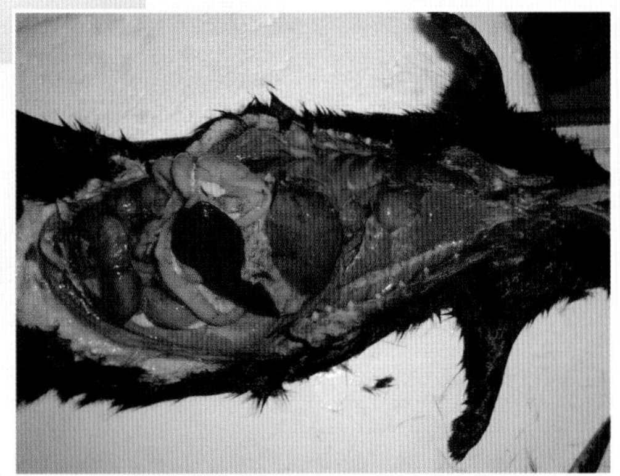

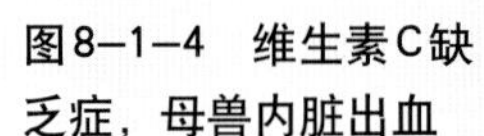

图8–1–4　维生素C缺乏症，母兽内脏出血

图8–1–5　维生素C缺乏症，母兽消瘦

（三）病理变化　剖检仔貂内脏出血严重（图8-1-6，图8-1-7），母貂子宫出血（图8-1-8），剖检子宫黏膜出血，子宫角坏死（图8-1-9），胃肠黏膜出血（图8-1-10），肺出血（图8-1-11），肝出血（图8-1-12），肾弥漫性出血（图8-1-13），心脏出血（图8-1-14，脾脏出血（8-1-15）。

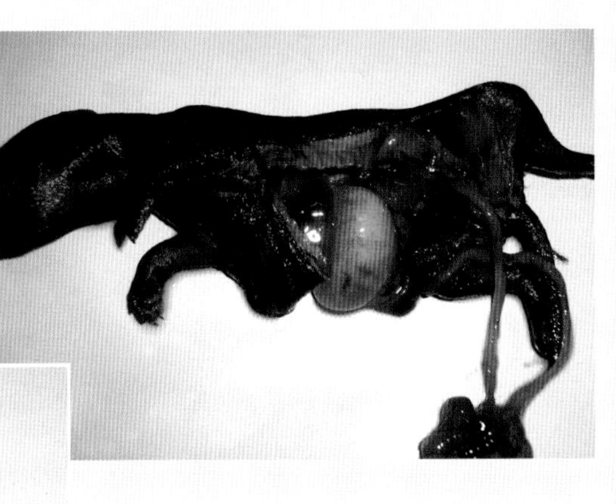

图8-1-6　维生素C缺乏症，仔兽内脏出血

图8-1-7　维生素C缺乏症，仔兽出血严重

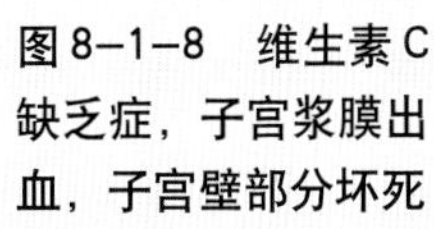

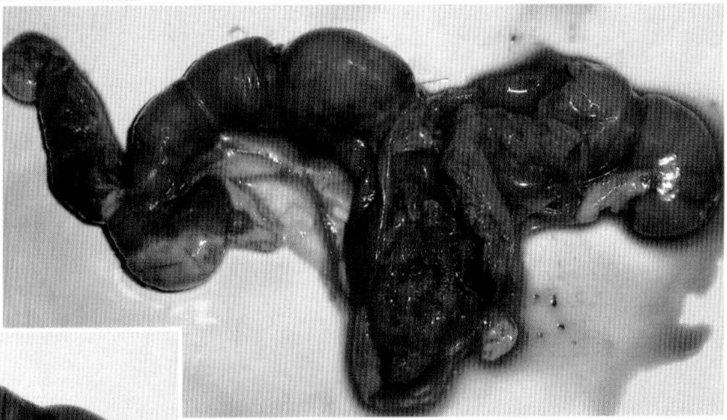

图8-1-8　维生素C缺乏症，子宫浆膜出血，子宫壁部分坏死

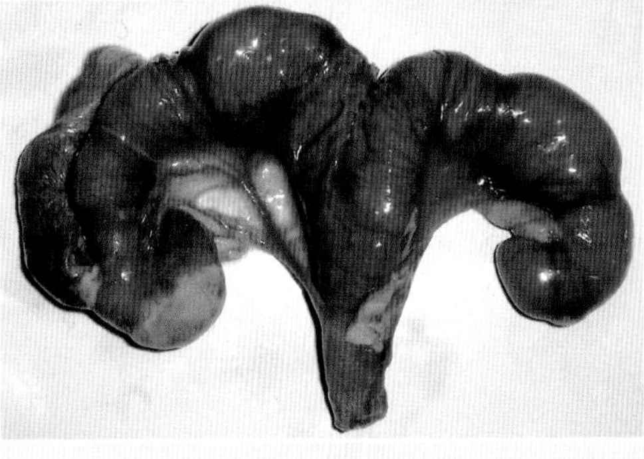

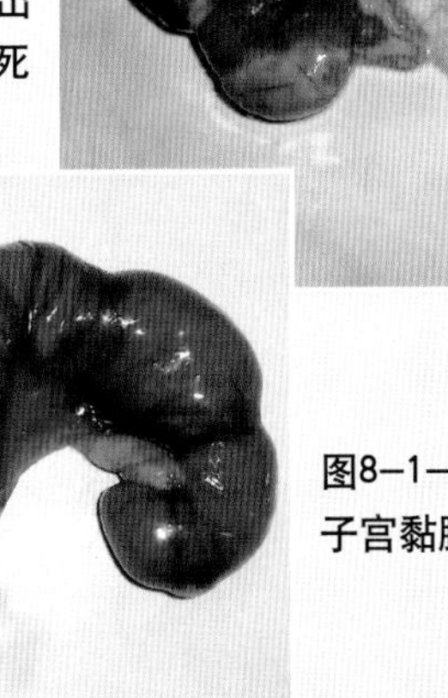

图8-1-9　维生素C缺乏症，子宫黏膜出血，子宫角坏死

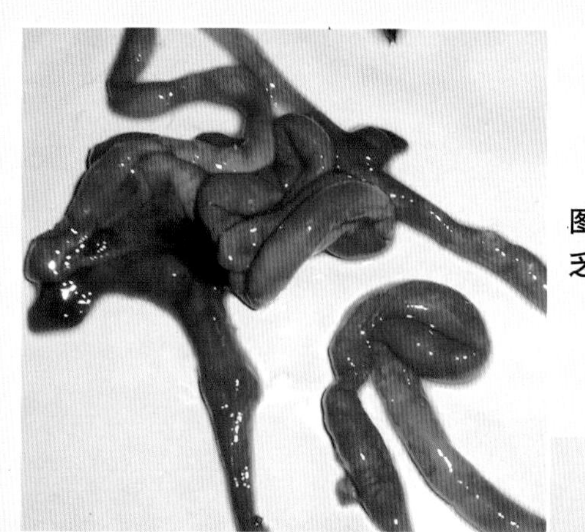

图 8-1-10　维生素 C 缺乏症，胃肠黏膜严重出血

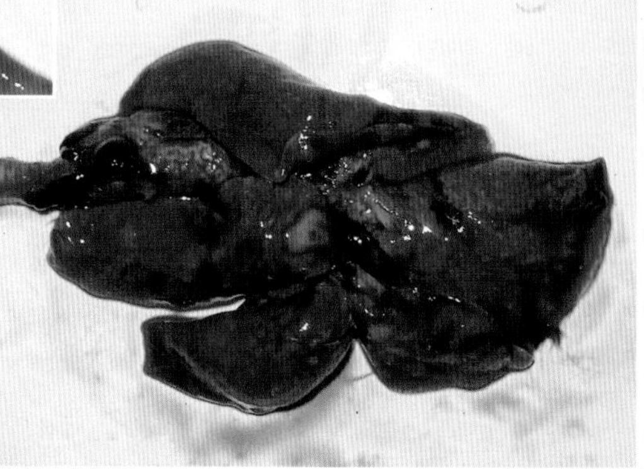

图 8-1-11　维生素 C 缺乏症，肺出血

图 8-1-12　维生素 C 缺乏症，肝出血

图 8-1-13　维生素 C 缺乏症，肾弥漫性出血

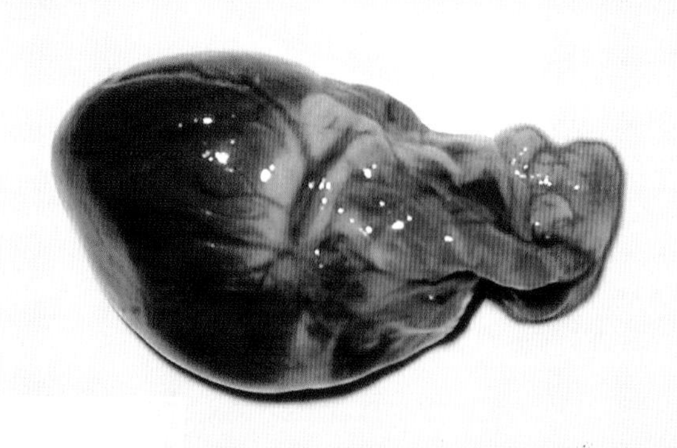

图8-1-14 维生素C缺乏症，心脏出血

图8-1-15 维生素C缺乏症，脾脏出血

（四）诊断 根据四肢下端皮肤红肿的症状，即可确诊。

（五）治疗 预防本病要保证饲料中维生素供给齐全而充足，在饲料中要加蔬菜，如果蔬菜经高温蒸煮后喂，维生素C易遭破坏，一定要补加维生素C，特别在妊娠后期更应补加，水貂每昼夜需要量为10～25毫克，狐狸需要量为50毫克，貉为20毫克。在产仔后应抓紧检查仔兽有无红爪病，并应及时治疗，用5%维生素C溶液，每只仔兽5～10滴，用滴管滴入口腔内喂服，每天2次，直到肿胀消退为止。如果皮肤溃裂继发了细菌感染，还需用抗生素治疗感染。与此同时，母兽的饲料中要添加3～4倍的维生素C量，同时添加维生素A和B族维生素。

二、维生素B_4缺乏症（黄脂症）

（一）病因 毛皮动物胆碱需要量为日粮干物质的0.05%，或者以20～40毫克／千克体重的需要量计算，胆碱可以预防肝、肾脂肪沉积及脂肪变性，促进氨基酸的形成，提高蛋氨酸的利用率。毛皮动物特别是水貂，对胆碱需要量大，若胆碱供应不足或蛋氨酸供应也不足的情况下，就会导致发病。

（二）症状　胆碱严重缺乏的水貂多表现身体无力、精神差、口渴、饮欲增加，仔兽生长缓慢，母兽缺乳，被毛易变成红褐色，严重时可出现腹水和肝脏破裂而死亡。

（三）病理变化　脂肪沉积在肝脏内，引起肝脏肿大黄染（图8－2－1），质脆，用手指按压易破碎，肾脏黄染（图8－2－2），肠系膜脂肪黄染（8－2－3）。

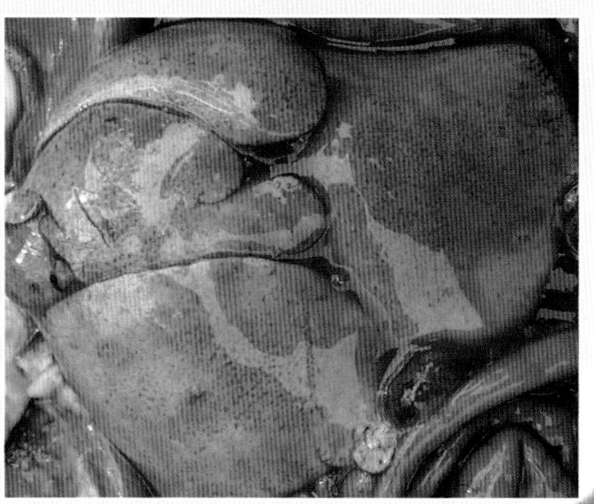

图8－2－1　水貂的脂肪肝

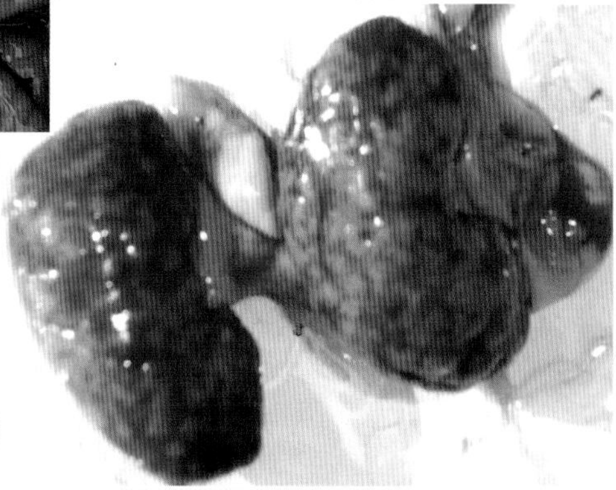

图8－2－2　水貂的肾脂肪变性

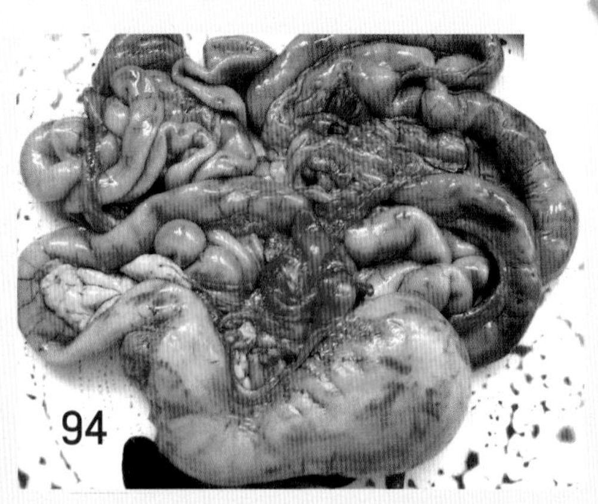

图8－2－3　水貂肠系膜黄染

（四）诊断　根据临床症状和病理剖检变化即可以确诊。

（五）治疗　预防本病在于正确的调配日粮，在日粮中供给需要量的胆碱，毛皮动物可按20～40毫克/千克体重的氯化胆碱拌料，如果治疗已发病的动物，可按50～70毫克/千克体重给予。与此同时必须饲喂富含蛋氨酸的饲料，饲料中应有足够量的维生素 B_{12}、叶酸、维生素 C、烟酸，以增强胆碱的效果。

三、狐狸低蛋白血症

（一）病因　狐狸是犬科肉食动物，对饲料中蛋白质含量要求较高，在7～16周龄狐狸的日粮干物质中蛋白质应占32%以上，16周龄以后的狐狸日粮干物质中的蛋白质含量应在42%以上，当日粮中蛋白质水平降到20%时，并较长时间饲喂蛋白质含量低于20%的日粮时，狐狸即可发生低蛋白血症。

（二）症状　狐狸体温正常，被毛粗乱，精神不振，结膜苍白（图8–3–1），腹围逐渐增大，日久腹腔内积水（图8–3–2），对腹壁冲击式触诊出现振水音。病狐血液稀薄，凝固时间延长，逐渐消瘦死亡。

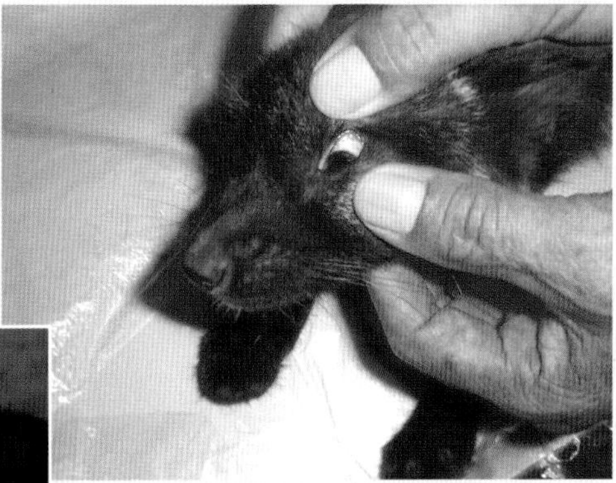

图8–3–1　病狐结膜苍白

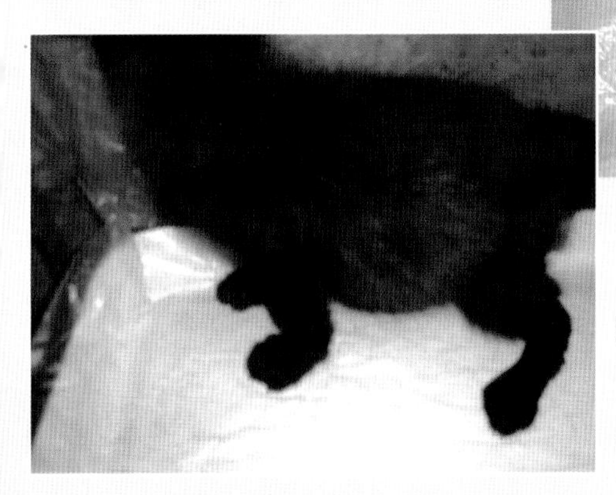

图8–3–2　腹围膨大

（三）病理变化

死亡狐狸消瘦（图8–3–3），切开皮肤皮下积水（图8–3–4，图8–3–5）。打开腹腔，腹腔内有2000～4000毫升透明的清亮液体流出，腹内脏器颜色苍白（图8–3–6），胃壁水肿（图8–3–7），肠壁水肿（图8–3–8），心、肝、肾均正常。

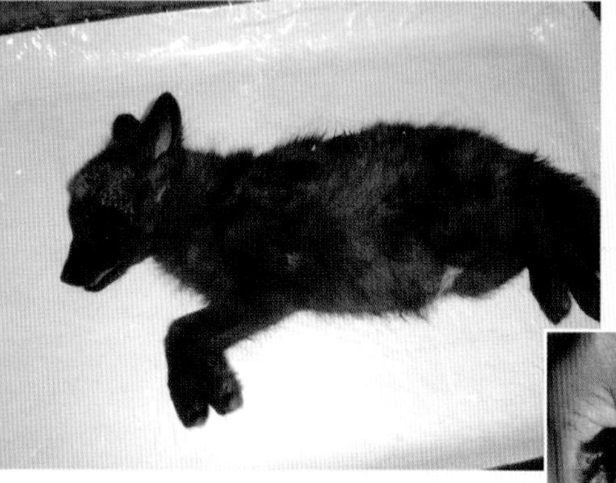

图8–3–3　死狐消瘦

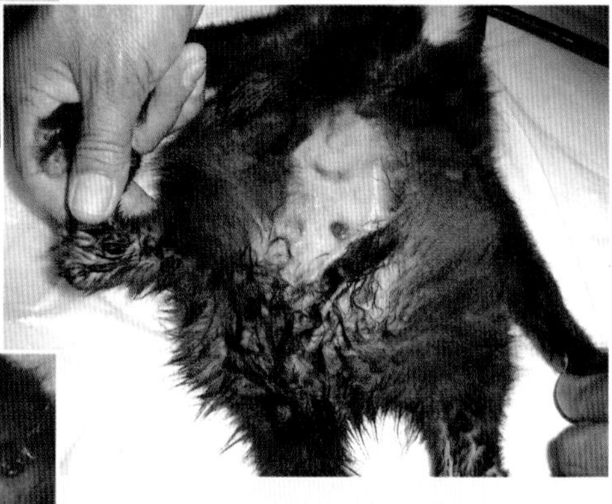

图8–3–4　皮下积水

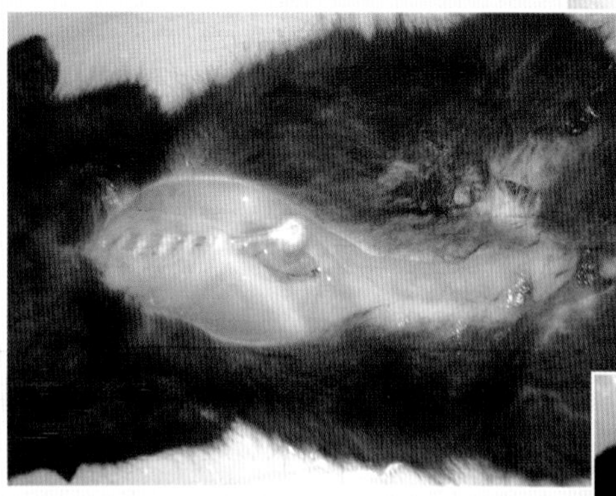

图8–3–5　切开皮肤，皮下流出透明液体

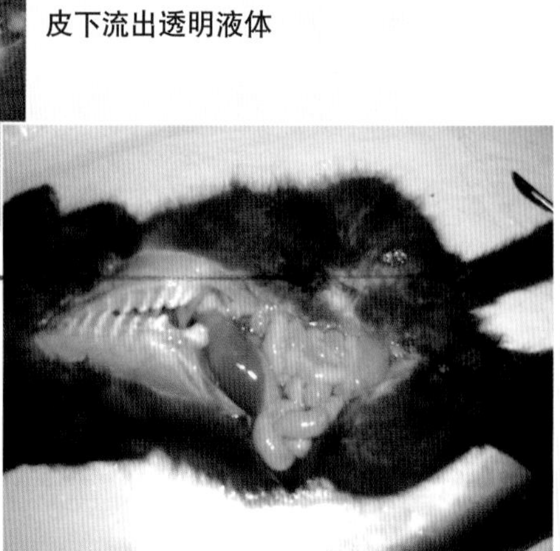

图8–3–6　打开腹腔内脏后流出腹水，内脏苍白

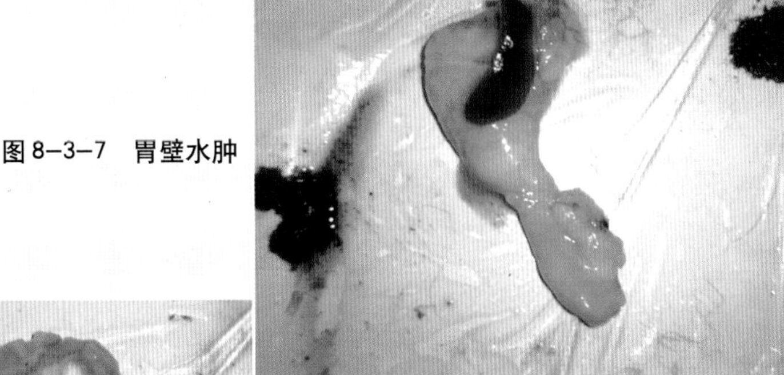
图 8–3–7　胃壁水肿

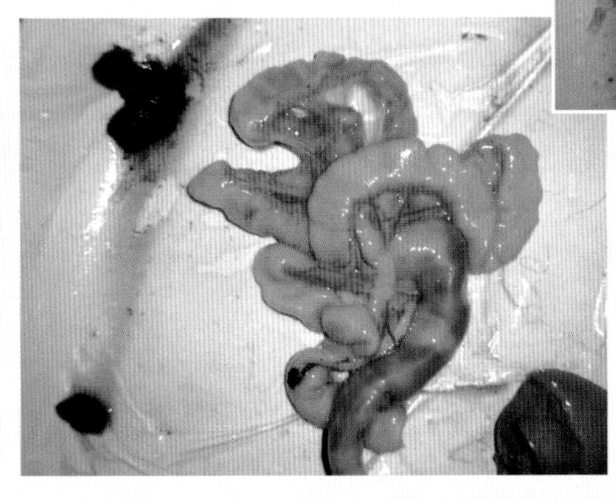
图 8–3–8　肠壁水肿

（四）诊断　根据长期饲喂蛋白质含量低的饲料，并出现皮下、内脏水肿和出现大量腹水即可确诊。必要时可化验血浆蛋白，血浆蛋白降低至 3～4 克 /100 毫升。

（五）鉴别诊断　本病应与中华睾吸虫病、心丝虫病相区别。

1. **中华睾吸虫病**　仅出现腹水，死后剖检在肝脏的胆管和胆囊内有片形虫。

2. **心丝虫病**　出现腹水，死后剖检在右心室和腔静脉内有 10～20 厘米长的白色丝虫。

（六）治疗　要立即停喂劣质饲料，按照狐狸的营养需要，调整饲料配方，以优质的饲料喂狐狸即可逐渐消除已发病的狐狸的水肿与腹水。

第九章　杂　症

一、自咬症

自咬症是水貂和狐狸的常发病，近几年来在许多养殖场中有该病的发生，造成了严重的经济损失。

（一）病因　病因比较复杂，可能与下列因素有关。

一是自咬症多发生在饲喂不新鲜的或变质的海杂鱼。当海杂鱼在 −18℃～−25℃的冷库中存放 3 个月就会有轻度酸败，在 −5℃～−10℃的冷库中存放3个月会发生严重酸败氧化，这些脂肪和动物蛋白进入动物体内后，使消化过程发生障碍，形成许多蛋白质代谢不全产物如组织胺类物质，当吸收入血液后，运行到身体各部，刺激身体末梢部位如尾、四肢下端皮肤内的神经血管产生过敏反应性奇痒，引起动物啃咬尾部及四肢下端的皮肤。

二是会阴部及尾部受到某些昆虫或寄生虫的刺激引起奇痒。如肠道内的绦虫成熟节片，随粪便下行于肛门处，附着在肛门皮肤上刺激局部引起肛门奇痒。

三是肛门小囊发炎。肛门小囊位于肛门内外括约肌之间，当肛门小囊发炎后，可引起肛门小囊及附近的发痒。

上述 3 个方面因素中以饲喂质量不好的海杂鱼、变质鱼粉和不新鲜的动物肉、内脏引起体内产生大量组织胺类物质最具有理论依据。

（二）症状　患自咬症的动物，不时回头啃咬尾部、臀部或身体的其他部位。病势急剧时常突然发作，短时间内可将尾部咬破，也有的对腹下啃咬。慢性经过时，一般先咬尾尖，并发出异常的叫声，有的啃咬四肢及背腹侧致使被毛严重损伤（图 9−1−

1)。呈阵发性发作，逐渐消瘦、抽搐或营养不良，贫血，咬伤部发生感染而化脓。严重者可引起死亡。

图 9–1–1　自咬症，水貂尾毛咬断

（三）诊断　根据临床症状即可确诊。

（四）治疗　本病无特异性疗法，治疗原则是在改善饲养管理，消除原发病致病因素的前提下，采取镇静、抗炎、抗过敏、营养神经的综合措施，即可收到较为满意的效果。

一是调整饲料配方，减少不新鲜的海杂鱼，杜绝变质的鱼粉，不喂死亡动物的肉及内脏，同时在饲料中加入下列药物饲喂发病的动物。

多维素10克，维生素C 10克，亚硒酸钠维生素E 10克，地塞米松0.6克（妊娠动物禁用），阿莫西林4.0克，小苏打100克，葡萄糖1 000克。以上药物充分混匀后拌入50千克湿料中，全群饲喂，每天2次，连喂4～5天，可收到满意效果。

二是对严重自咬的动物，肌内注射下列药物，可收到满意效果。

安定0.5毫升，维生素B_1 0.3毫升，地塞米松2毫克，青霉素15万单位，混合后肌内注射，1天1次，连打2～3天。

上方中的安定，可用盐酸异丙嗪代替，用量25毫克／千克体重。

三是对咬伤的皮肤创口，剪毛清洗，碘酊消毒，用醋酸强的松软膏和红霉素软膏局部涂敷后用绷带包扎保护。

四是对因寄生虫引起的，如果是螨虫可用通灭、阿维菌素0.3～1毫升肌内注射；若因绦虫引起的可用丙硫苯咪唑15毫克／千克体重内服。

二、白鼻子症

近年来狐狸、貂、貉的鼻子头由黑色渐渐出现红点，然后面积逐渐增大，随后就出现白点，最后鼻子头全都变白了，这就是俗称的白鼻子症。还有爪子逐渐变长、变白、脚垫（指枕）也变白增厚，这就是白鼻长爪病（图9–2–1，图9–2–2，图9–2–3）。

图9–2–1　白鼻子症，貉的鼻端变白

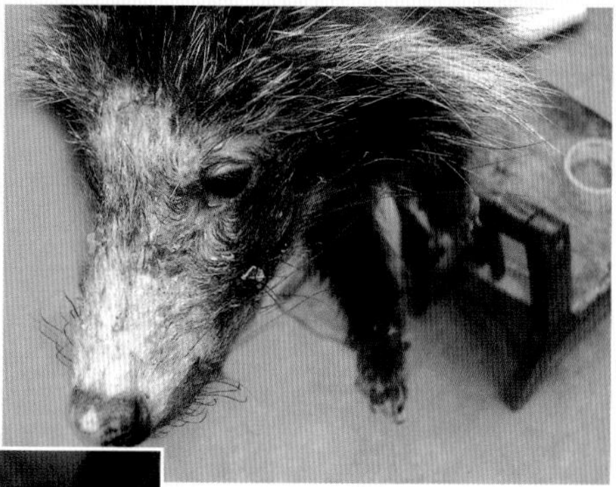

图9–2–2　白鼻子症，鼻端变白

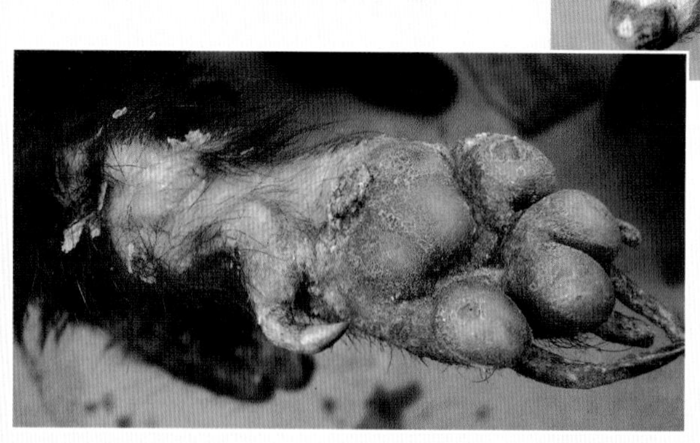

图9–2–3　白鼻子症，貉的长爪子脚垫增厚

（一）病因 病因至今不十分明确。据有关资料报道，该病是营养代谢失调而引起的综合性营养代谢障碍疾病，主要是多种维生素和矿物质、氨基酸缺乏或者比例的不平衡引起的。也有认为白鼻长爪症是因缺铜引起的色素代谢障碍和毛的角质化生成受损。有人在绵羊上证实，缺铜时毛纤维上出现一些褪色的条带，如及时给羊补充铜，其褪色条带在1～2天内消失。牛缺铜时最常见的是眼眶周围毛褪色，原黑色毛变为灰色，黄毛变白、红毛变黄，造成毛褪色的原因可能与酪氨酸酶活性下降、酪氨酸不能转变为黑色素有关，缺铜时，由于二硫基键合成受影响，角蛋白肽链的交叉连接紊乱，或因角蛋白长链的排列和定向紊乱。缺铜可干扰角蛋白的合成及其肽链的排列，使皮肤中的色素代谢紊乱。还有认为是须毛癣菌感染引起。

（二）症状 白鼻长爪病的症状，归纳起来有如下几点。

①鼻子变白。鼻子由黑色或褐色逐渐的出现红点，渐渐融合成红斑，再由红斑逐渐地变为白点，鼻端逐渐地形成白色。②脚垫（指枕）变白、增厚、溃裂、疼痛。③爪子长、发白，有的是1个爪子发白，有的是5个爪子都白。④爪子变干瘪，俗称“干爪病”，爪子发干，颜色呈深红色或暗红色，皮肤产生大量的皮屑，不断脱落皮屑，并出现跛行（图9-2-4）。⑤母兽发情晚或不发情。⑥已妊娠的母兽常常发生隐性流产、死胎或早产。⑦所产的仔兽体质弱，在2～3天内陆续死亡，成活率低。活下来的仔兽常常发生佝偻病。

（三）诊断 根据临床表现即可初步诊断。

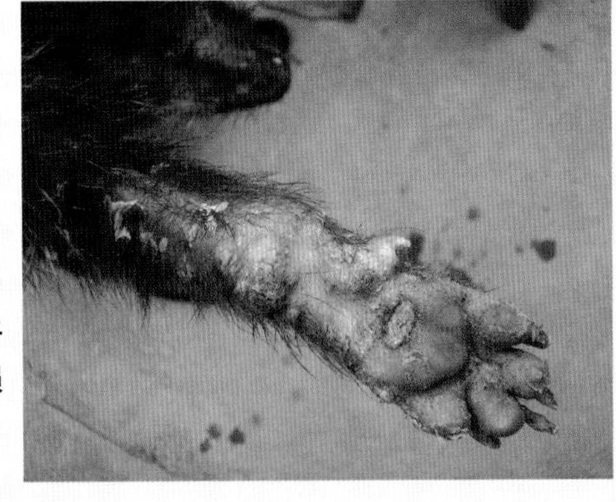

图 9-2-4 白鼻子症，貉四肢下端皮损

（四）治疗 由于病因及发病机制不十分明确，治疗方法也是在不断地探讨之中。实践证明，正确合理地配制饲料，蛋白质、脂肪、碳水化合物、维生素及微量元素的供给应符合动物体生长发育的需要。注意补足动物体所需要的氨基酸和多种维生素，特别是增加B族维生素的供应量，是减少发病的主要措施。如果是因缺铜引起的应补充铜。可把铜掺入其他矿物质添加剂中，制成舔砖，放在笼中让动物自由舔食。一般用0.5%～1.9%硫酸铜是安全的。如果是须毛癣菌感染，可用克霉唑、曲咪新或新皮康软膏外用。

三、食毛症

食毛症是毛皮动物养殖场中常见的病，食毛症发生后不仅造成皮张的质量下降，严重者还可引起动物死亡。

（一）病因 大多与饲料中含硫氨基酸缺乏有关。

（二）症状 患食毛症的动物不时舐咬被毛，用牙齿切断被毛，并吞咽下去，被毛进入胃内后，有的形成无数个毛球，有的相互缠结成毛团（图9–3–1），影响胃的正常蠕动和吸收，导致消化障碍，有时引起呕吐。病兽营养不良、消瘦、抵抗力差，最后导致死亡（图9–3–2，图9–3–3）。

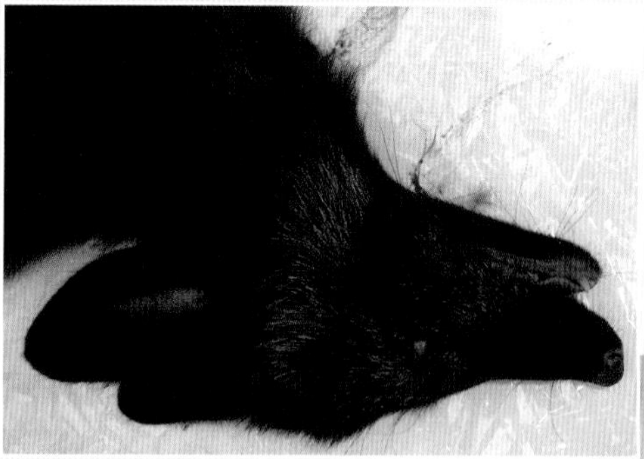

图9–3–1 食毛症，死亡的银黑狐

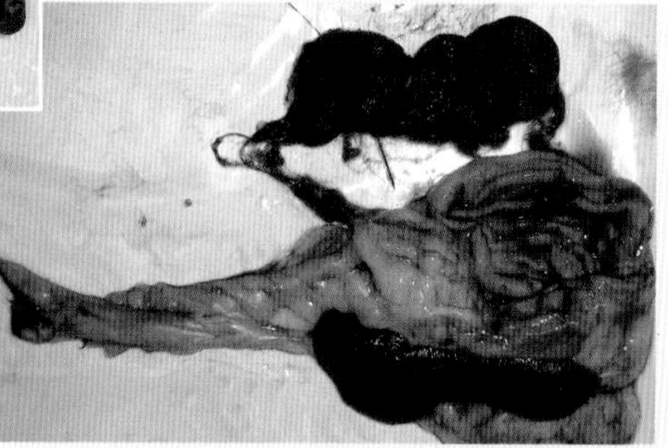

图9–3–2 食毛症，剖检胃中毛团

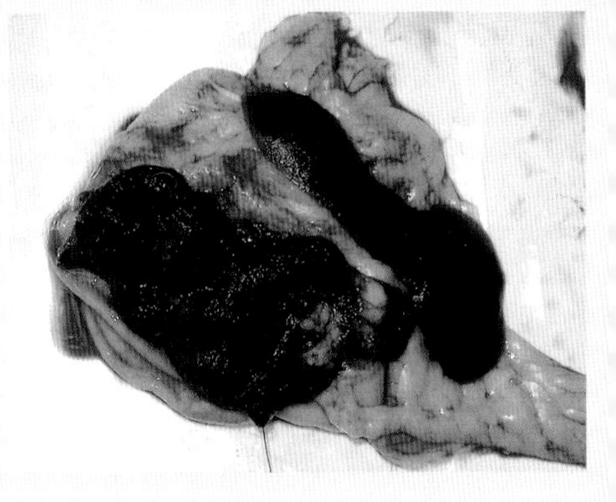

图9-3-3　食毛症，胃中毛球

（三）治疗　饲料中补充含硫氨基酸，可用羽毛粉、毛蛋等产品饲喂，也可用10%人工盐饮水连用3～5天。还可用硫酸亚铁和维生素B_{12}治疗。剂量为硫酸亚铁0.05～0.1克，维生素B_{12}，0.1毫克内服，每天2次，连用3～4天。

已食入的被毛影响动物胃肠功能引起消化障碍时，可给予液状蜡油20～100毫升，以促进吃入的被毛尽早排出。

四、热应激（中暑）

夏季在太阳辐射和闷热环境下，引起动物机体中枢神经系统、血液循环系统和呼吸系统功能严重失调的综合征称为热应激。如不采取措施，常可遭受大批死亡。毛皮动物虽在笼养和有较好的棚舍环境，但在气温突然升高而又饮水不足的情况下，也会发生热应激，特别是在每年7月下旬至8月上旬之间常常因热应激导致大批死亡。

（一）病因　毛皮动物体温在38℃～39℃，毛皮动物的汗腺仅在足枕部，散热是靠加快呼吸来完成的。当外界温度达到30℃以上，相对湿度大又缺乏通风的情况下，若水供应不足和笼下粪便分解形成的氨气含量大，都可促进本病的发生与发展。

（二）症状　本病突然发生，有的早晨喂养时还很正常，到中午时已死亡。还可出现精神沉郁，步态不稳及晕厥，少数有呕吐，呼吸困难，可视黏膜发绀、脉搏频数或减弱，头部震颤，全身痉挛，然后进入昏迷而死亡（图9-4-1，图9-4-2，图9-4-3）。

图 9-4-1　热应激，狐狸精神沉郁，瞳孔散大

图 9-4-2　热应激，貉呈现痉挛症状

图 9-4-3　热应激，死亡的狐狸

（三）病理变化　死亡水貂的脑部充血水肿，有的脑内有出血点（图 9-4-4），肺水肿和充血（图 9-4-5），胃肠臌气（图 9-4-6），心脏充血（图 9-4-7），胃出血呈煤焦油状（图 9-4-8）。

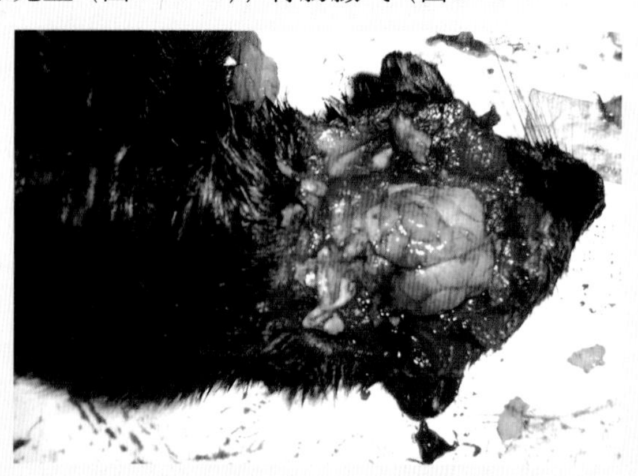

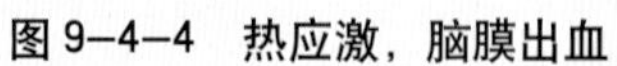

图 9-4-4　热应激，脑膜出血

图 9-4-5　热应激，肺水肿充血

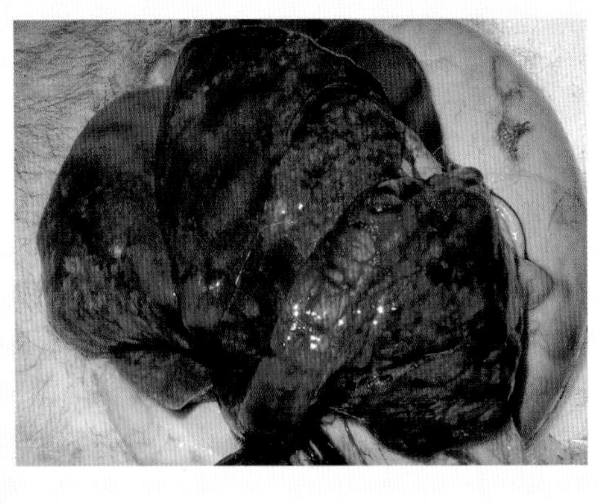

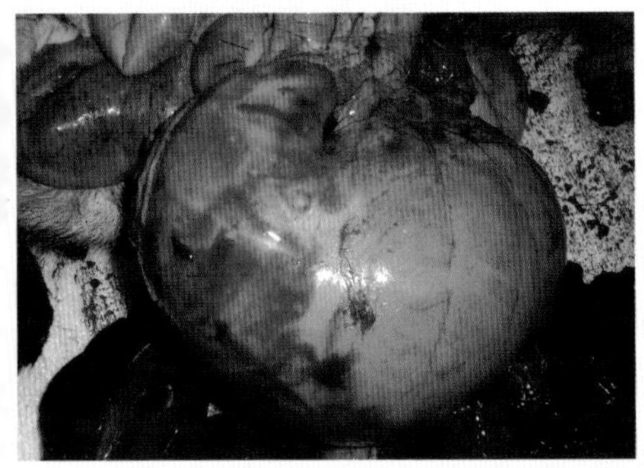

图 9-4-6　热应激，胃肠臌气

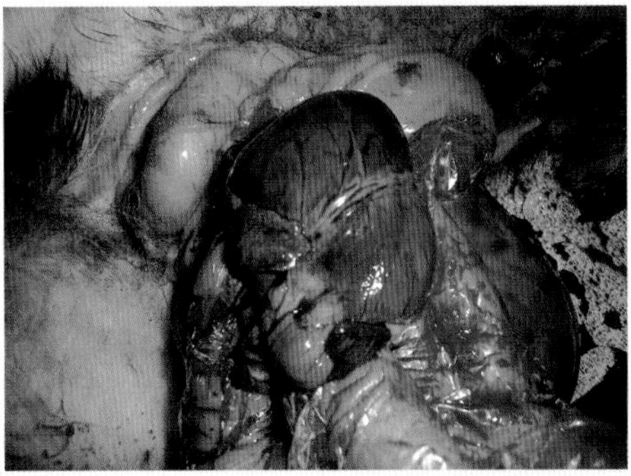

图 9-4-7　热应激，心脏充血

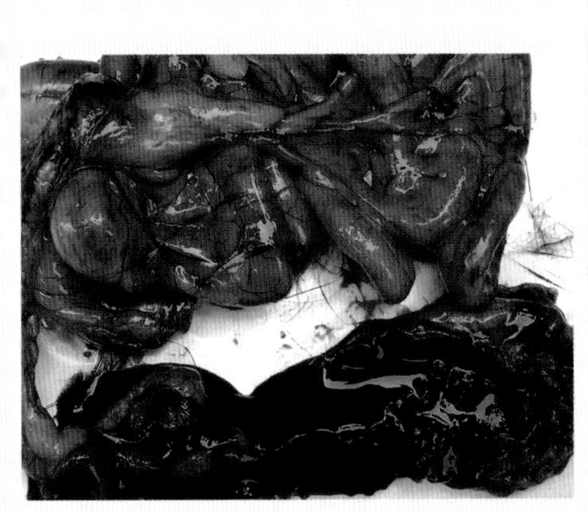

图9-4-8　热应激，胃出血呈煤焦油状

（四）治疗　毛皮动物的笼舍区要植树遮阳，以创造凉爽的小环境，也可采用晾棚结构，避免阳光的直射。在高温季节，水盆内长期保存清洁饮水，夏季不能断水。

在饲料中加入小苏打和维生素C。每100千克饲料中加入小苏打200克，维生素C 20克，可提高毛皮动物抗热应激的能力。

对已中暑的毛皮动物可放在阴凉、通风的地方，必要时可用井水清洗全身或用冰块冷敷头部降温。如果静脉注射5%葡萄糖氯化钠和安钠咖更有利于中暑动物的恢复。